五年制高职专用教材
智能制造装备技术专业新形态教材

数控加工工艺与编程技术基础

主　编　司开妹　黄冬英
副主编　成长城　石阶安　吴辰晨
参　编　许月娟　彭　正　徐　江
　　　　薛　龙　李倩倩
主　审　陈洪飞

机械工业出版社

本书根据教育部办公厅印发的《"十四五"职业教育规划教材建设实施方案》，参考数控车工、数控铣工职业资格标准及数控车铣加工"1+X"证书要求，并结合学生的认知特点和成长规律编写而成。

本书以数控加工实践为主线，以典型零件为载体，采用项目任务式编写模式，主要内容包括数控加工基础知识、数控车削加工工艺及编程技术训练、数控铣削/加工中心加工工艺及编程技术训练、数控线切割机床操作技术训练。本书选用企业广泛使用的发那科（FANUC）系统作为编程与操作的教学载体，通过目标、描述、链接、实施、评价、拓展、延伸等环节，引导学生学习。书中以二维码的形式链接了大量的视频资源，帮助学生加深理解。

本书可作为职业院校数控技术、模具设计与制造、机械设计与制造等专业的教学用书，也可作为装备制造大类相关专业"1+X"证书培训教材和企业工程技术人员的培训用书。

为方便教学，本书配有电子课件、电子教案、视频、习题、试卷及答案等资源，使用本书作为教材的教师可登录机械工业出版社教育服务网（www.cmpedu.com）注册并免费下载，或来电（010-88379492）索取。

图书在版编目（CIP）数据

数控加工工艺与编程技术基础 / 司开妹，黄冬英主编． -- 北京：机械工业出版社，2024. 11． --（五年制高职专用教材）（智能制造装备技术专业新形态教材）．
ISBN 978-7-111-76977-4

Ⅰ．TG659

中国国家版本馆 CIP 数据核字第 2024T36S13 号

机械工业出版社（北京市百万庄大街 22 号　邮政编码 100037）
策划编辑：赵文婕　　　　　责任编辑：赵文婕　杜丽君
责任校对：韩佳欣　王　延　　封面设计：王　旭
责任印制：刘　媛
北京中科印刷有限公司印刷
2025 年 1 月第 1 版第 1 次印刷
210mm×285mm · 13.25 印张 · 390 千字
标准书号：ISBN 978-7-111-76977-4
定价：45.00 元

电话服务	网络服务
客服电话：010-88361066	机 工 官 网：www.cmpbook.com
010-88379833	机 工 官 博：weibo.com/cmp1952
010-68326294	金 书 网：www.golden-book.com
封底无防伪标均为盗版	机工教育服务网：www.cmpedu.com

前 言

本书贯彻落实党的二十大报告和《国家职业教育改革实施方案》精神，是职业院校"三教改革"中的教材改革成果。为了进一步适应新的职业教育教学改革，更加贴近教学实际，满足学生的需求，江苏联合职业技术学院组织企业专家及骨干教师经过认真研讨和论证，挑选出具有丰富教学实践经验的一线教师协同其他院校的优秀教师共同编写了本书。

本书按照"以能力为本位，以职业实践为主线，以项目课程为主体的模块化专业课程体系"的总体设计要求，以模块为中心构建了项目课程体系，紧紧围绕工作任务选择和组织内容，突出工作任务与知识的联系，注重课程内容与职业岗位能力要求的相关性，让学生在职业实践活动的基础上掌握知识，提高学生的积极探索、动手操作及团队合作能力。

本书以 FANUC 系统为主线，通过岗位分工、理实交融等方式，引导学生全面、系统、完整地理解并掌握数控加工工艺与编程操作的基本技能。全书除了依据工作任务完成的需要、中高职学生的学习特点和职业能力形成的规律，还按照"学历证书与职业资格证书嵌入式"的设计要求选定教材的知识、技能等内容，突出职业教育的实用性特点。

本课程参考学时为 104 学时，按照中级数控工艺员及编程员的知识技能要求设计，可结合人才培养方案，并依据各学习项目的内容总量以及在该门课程中的重要性分配各学习项目的学时数。各项目任务学时分配见下表（供参考）。

模块	项目	任务	建议学时 （含实践教学学时）
模块一 数控加工基础知识	项目一 数控机床概述		4
	项目二 数控加工工艺基础		4
	项目三 数控加工常用刀具		4(1)
	项目四 数控机床夹具基础		2
	项目五 数控编程基础		4(2)
	项目六 数控机床维护保养		2(1)
模块二 数控车削加工工艺及编程技术训练	项目一 压紧轴套的数控车削加工	任务一 外圆的数控车削加工	6(3)
		任务二 圆弧的数控车削加工	2(1)
		任务三 槽的数控车削加工	4(2)
		任务四 螺纹的数控车削加工	4(2)
		任务五 孔的数控车削加工	4(2)
	项目二 综合件的数控车削加工		8(6)
	项目三 数控车削加工自动编程		8(4)

（续）

模块	项目	任务	建议学时（含实践教学学时）
模块三 数控铣削/加工中心加工工艺及编程技术训练	项目一 凸模的数控铣削加工	任务一 平面的数控铣削加工	4(2)
		任务二 外轮廓的数控铣削加工	4(2)
		任务三 槽的数控铣削加工	4(2)
		任务四 型腔的数控铣削加工	4(2)
		任务五 孔的数控铣削加工	4(2)
	项目二 综合件的数控铣削加工		8(6)
	项目三 数控铣削加工自动编程		8(4)
模块四 数控线切割机床操作技术训练	项目 凸凹模的数控线切割加工		12(8)
合计			104(52)

  本书由江苏联合职业技术学院江阴中专办学点司开妹、黄冬英任主编，江苏联合职业技术学院江阴中专办学点成长城、江苏联合职业技术学院无锡立信分院石阶安、江苏联合职业技术学院常州技师分院吴辰晨任副主编，江苏联合职业技术学院江阴中专办学点许月娟、彭正，江苏联合职业技术学院无锡立信分院徐江、江苏联合职业技术学院常州技师分院薛龙、江阴兴澄特种钢铁有限公司李倩倩参与编写。

  为进一步提高本书质量，欢迎读者提出宝贵的意见和建议。

编　者

二维码索引

评价表

名称	图形	名称	图形	名称	图形
数控机床概述项目评价		圆弧的数控车削加工任务评价		外轮廓的数控铣削加工任务评价	
数控加工工艺基础项目评价		槽的数控车削加工任务评价		槽的数控铣削加工任务评价	
数控加工常用刀具项目评价		螺纹的数控车削加工任务评价		型腔的数控铣削加工任务评价	
数控机床夹具基础项目评价		孔的数控车削加工任务评价		孔的数控铣削加工任务评价	
数控编程基础项目评价		综合件的数控车削加工项目评价		综合件的数控铣削加工项目评价	
数控机床维护保养项目评价		数控车削加工自动编程任务评价		数控铣削加工自动编程项目评价	
外圆的数控车削加工任务评价		平面的数控铣削加工任务评价		凸凹模的加工项目评价	

视频

名称	图形	名称	图形	名称	图形
并联机床（PDF 格式）		数控机床常用夹具		外圆的数控车削仿真加工	
典型轴类零件的数控加工工艺分析		数控车床仿真软件操作——程序的录入与校验（轴类零件，斯沃仿真软件）		开机并装夹工件与刀具	
数控铣床换刀操作		数控机床日常维护保养		图形模拟与对刀	

(续)

名称	图形	名称	图形	名称	图形
外圆的数控车削自动加工		综合件的数控车削自动加工		型腔的数控铣削自动加工	
圆弧的数控车削仿真加工		数控车削加工自动编程		孔的数控铣削自动加工	
槽的数控车削仿真加工		平面的数控铣削仿真加工		综合件的数控铣削仿真加工	
单一外沟槽的数控车削加工		平面的数控铣削自动加工		综合件的数控铣削自动加工	
螺纹的数控车削仿真加工		外轮廓的数控铣削仿真加工		数控铣削加工自动编程	
压紧轴套的自动加工（不含孔）		外轮廓的数控铣削自动加工		数铣仿真软件操作——程序的录入与校验	
孔的数控车削仿真加工		槽的数控铣削仿真加工		Z 轴设定仪的校准和使用	
压紧轴套孔的自动加工		槽的数控铣削自动加工		数控铣床 X、Y 轴对刀操作	
综合件的数控车削仿真加工		型腔的数控铣削仿真加工			

参考程序

名称	图形	名称	图形	名称	图形
外圆的数控车削加工参考程序		综合件的数控车削加工参考程序		孔的数控铣削加工参考程序	
圆弧的数控车削加工参考程序		平面的数控铣削加工参考程序		综合件的数控铣削加工参考程序	
槽的数控车削加工参考程序		外轮廓的数控铣削加工参考程序		凸凹模的线切割加工程序	
螺纹的数控车削加工参考程序（G92）		槽的数控铣削加工参考程序			
孔的数控车削加工参考程序		型腔的数控铣削加工参考程序			

目 录

前言
二维码索引
模块一　数控加工基础知识 ·· 1
　项目一　数控机床概述 ·· 1
　项目二　数控加工工艺基础 ·· 8
　项目三　数控加工常用刀具 ·· 17
　项目四　数控机床夹具基础 ·· 31
　项目五　数控编程基础 ·· 37
　项目六　数控机床维护保养 ·· 48
模块二　数控车削加工工艺及编程技术训练 ·· 52
　项目一　压紧轴套的数控车削加工 ·· 52
　　任务一　外圆的数控车削加工 ··· 53
　　任务二　圆弧的数控车削加工 ··· 59
　　任务三　槽的数控车削加工 ·· 65
　　任务四　螺纹的数控车削加工 ··· 74
　　任务五　孔的数控车削加工 ·· 81
　项目二　综合件的数控车削加工 ·· 90
　项目三　数控车削加工自动编程 ·· 96
模块三　数控铣削/加工中心加工工艺及编程技术训练 ······································· 118
　项目一　凸模的数控铣削加工 ··· 118
　　任务一　平面的数控铣削加工 ··· 119
　　任务二　外轮廓的数控铣削加工 ·· 129
　　任务三　槽的数控铣削加工 ·· 139
　　任务四　型腔的数控铣削加工 ··· 146
　　任务五　孔的数控铣削加工 ·· 152
　项目二　综合件的数控铣削加工 ·· 161
　项目三　数控铣削加工自动编程 ·· 168
模块四　数控线切割机床操作技术训练 ··· 189
　项目　凸凹模的数控线切割加工 ·· 189
参考文献 ·· 201

模块一

数控加工基础知识

项目一　数控机床概述

项目目标

1. 了解数控机床的概念、分类、发展、适用范围与特点。
2. 了解数控机床的组成及工作过程。

素养目标

通过了解我国智能制造的发展阶段，领悟大国工匠精神内涵，激发爱国主义精神和勇于创新的热情。

项目描述

随着社会生产和科学技术的不断发展，人们对产品质量和生产率的要求越来越高。数控机床不仅在航空航天、船舶、军工等领域被广泛使用，也广泛应用于汽车、机械制造、模具加工等行业。在这些行业中，随着产品种类不断增加，其形状和结构日趋复杂，精度和质量要求也不断提高，普通机床越来越难以满足这种生产发展的需求。由于生产水平的提高，数控机床的价格不断下降，极大地促进了数控机床的普及、应用和发展。那么什么是数控机床？它与传统的机床加工有什么区别？

项目链接

一、数控机床概述

1. 数控机床的概念

数字控制机床（Numerical Control Machine Tool）简称数控机床，是一种装有程序控制系统（数控系统）的自动化机床。该系统能够逻辑地处理由其他符号编码指令（刀具移动轨迹信息）所组成的程序。这种机床是一种综合运用了计算机技术、自动控制、精密测量和机械设计等新技术的机电一体化典型产品。数控机床较好地解决了复杂、精密、小批量、多品种的零件加工问题，是一种柔性且高效的自动化机床。

2. 数控机床的分类

可以按照不同的方法对数控机床进行分类，常用的分类方法有按数控机床加工原理分类、按加工路线分类和按进给伺服系统控制方式分类。

(1) 按数控机床加工原理分类　按数控机床加工原理的不同,可以把数控机床分为普通数控机床和特种加工数控机床。

1) 普通数控机床。如数控车床、数控铣床、加工中心（带有刀库和自动换刀装置）等,如图1-1所示。其加工原理是利用切削刀具对零件进行切削加工。

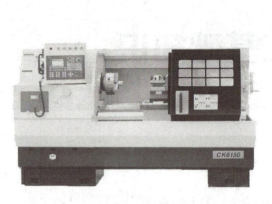 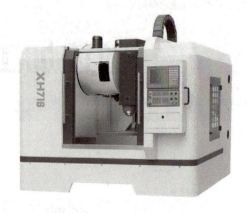

a) 数控车床　　　　　　　　　　　b) 数控铣床

图1-1　普通数控机床

2) 特种加工数控机床。如线切割数控机床,可对硬度很高的工件进行切割加工;电火花成形加工数控机床,可对工件的型腔进行加工,如图1-2所示。

a) 线切割数控机床　　　　　　　　b) 电火花成形加工数控机床

图1-2　特种加工数控机床

(2) 按加工路线分类　按数控机床加工路线的不同,可分为点位控制数控机床、直线控制数控机床和轮廓控制数控机床。

1) 点位控制数控机床。点位控制数控机床控制刀具从一点移动到另一点,并且在移动过程中不进行切削加工,如图1-3所示。点位控制数控机床要求坐标位置有较高的定位精度,为提高生产率,采用机床设定的最高进给速度进行定位运动,在接近定位点前要进行分级或连续降速,以便低速趋近终点,从而减少运动部件的惯性冲击和由此引起的定位误差。由于在定位移动过程中不进行切削加工,因此对运动轨迹没有任何要求。点位控制数控机床主要有数控钻床、数控压力机、数控镗床、数控点焊机等。

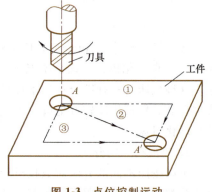

图1-3　点位控制运动

2) 直线控制数控机床。直线控制运动就是控制刀具或基础工作台以一定速度，沿平行于某一坐标轴方向，由一个位置到另一位置进行精确移动，也称点位直线移动控制，如图1-4所示。直线控制数控机床主要有简易数控车床、数控钻床、数控磨床等。

3) 轮廓控制数控机床。轮廓控制又称连续控制或多坐标联动控制，是对两个或两个以上的坐标轴同时进行控制（二轴、二轴半、三轴、四轴、五轴联动），它不仅要控制机床移动部件的起点坐标和终点坐标，而且要控制整个加工过程中每一点的速度、方向和位移量，即要控制加工的轨迹，并加工出符合要求的轮廓，如图1-5所示。运动轨迹是任意斜率的直线、圆弧、螺旋线等。这类机床的数控装置功能是最齐全的，能够进行两坐标甚至多坐标联动的控制，也能够进行点位和直线控制。除了少数专用的数控机床（如数控钻床、数控压力机等）以外，现代的数控机床都具有轮廓控制功能。

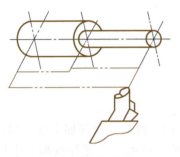

图1-4　直线控制运动

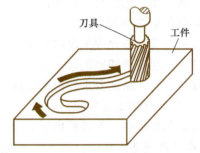

图1-5　轮廓控制运动

（3）按进给伺服系统控制方式分类　按数控机床进给伺服系统控制方式的不同，可分为开环控制数控机床、闭环控制数控机床和半闭环控制数控机床。

1) 开环控制数控机床。开环控制数控机床采用步进电动机，无位置测量元件，输入数据经过数控系统运算，输出脉冲指令，控制步进电动机工作，如图1-6所示。这种控制方式对执行机构不进行检测，无反馈控制信号，因此称为开环控制。开环控制数控机床的设备成本低，调试方便，操作简单，但控制精度低，工作速度受到步进电动机的限制。

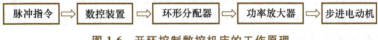

图1-6　开环控制数控机床的工作原理

2) 闭环控制数控机床。闭环控制数控机床绝大多数采用伺服电动机，有位置测量元件和位置比较电路。如图1-7所示，测量元件安装在工作台上，测出工作台的实际位移值并反馈给数控装置。位置比较电路将测量元件反馈的工作台实际位移值与指令的位移值相比较，用比较的误差值控制伺服电动机工作，直至到达实际位置，误差值消除，因此称为闭环控制。闭环控制数控机床的控制精度高，但要求机床的刚性好，对机床的加工、装配要求高，调试较复杂，而且设备的成本高。

图1-7　闭环控制数控机床的工作原理

3) 半闭环控制数控机床。半闭环控制数控机床的位置测量元件不是测量工作台的实际位置，而是测量伺服电动机的转角，经过推算得出工作台位移值，反馈至位置比较电路，与指令中的位移值相比较，用比较的误差值控制伺服电动机工作。这种用推算间接测量工作台位移的方法，不能补偿数控机床传动链零件的误差，因此称为半闭环控制，如图1-8所示。半闭环控制数控机床的控制精度高于开环控制系统，调试比闭环控制系统容易，设备的成本介于开环与闭环控制数控机床之间。

图 1-8　半闭环控制数控机床的工作原理

3. 数控机床的适用范围与加工特点

（1）数控机床的适用范围　数控机床有普通机床所不具备的许多优点，其应用范围正在不断扩大，但它并不能完全代替普通机床，也不能以最经济的方式解决机械加工中的所有问题。数控机床的适用范围如下：

1）多品种、小批量生产的零件。
2）形状、结构比较复杂的零件。
3）需要频繁改型的零件。
4）价值昂贵、不允许报废的关键零件。
5）设计、制造周期短的急需零件。
6）批量较大、精度要求较高的零件。

（2）数控机床的加工特点

1）自动化程度高。在数控机床上加工零件时，除了手工装卸工件外，全部加工过程都可由机床自动完成。在柔性制造系统中，上下料、检测、诊断、对刀、传输、调度、管理等也都可由机床自动完成，大大减轻了操作者的劳动强度，改善了劳动条件。

2）具有加工复杂形状零件的能力。复杂形状零件在飞机、汽车、船舶、模具、动力设备和国防工业等制造部门的产品中具有十分重要地位，其加工质量直接影响整机产品的性能。数控加工运动的操作可控性使其能完成普通加工方法难以完成或者无法进行的复杂型面的加工。

3）生产准备周期短。在数控机床上加工新的零件，大部分准备工作是根据零件图样编制数控程序，而不是去准备靠模、专用夹具等工艺装备，而且编程工作可以离线进行，这大大缩短了生产的准备时间。因此，应用数控机床十分有利于产品的升级换代和新产品的开发。

4）加工精度高，质量稳定。目前，普通数控加工的尺寸精度通常可达 $±5\mu m$，最高的尺寸精度可达 $±0.01\mu m$。数控机床是按预先编制好的加工程序进行工作的，加工过程中不需要人的参与或调整，因此不受操作工人技术水平和情绪的影响，加工精度稳定。

5）生产率高。数控机床的加工效率一般比普通机床高2~3倍，尤其是在加工复杂零件时，生产率可提高十几倍甚至几十倍。这一方面是因为数控机床的自动化程度高，具有自动换刀和其他自动化辅助操作等功能，而且工序集中，在一次装夹中能完成较多表面的加工，省去了划线、多次装夹、检测等工序；另一方面是数控机床在加工中可采用较大的切削用量，有效地减少了加工中的切削工时。

6）易于建立计算机通信网络。由于数控机床使用数字信息，易于与计算机辅助设计和制造（CAD/CAM）系统连接，形成计算机辅助设计和制造与数控机床紧密结合的一体化系统。另外，现在的数控机床通过因特网（Internet）、内联网（Intranet）、外联网（Extranet）可实现远程故障诊断及维修，已初步具备远程控制和调度，进行异地分散网络化生产的可能。

当然，数控加工在某些方面也有不足之处，如数控机床价格昂贵，加工成本高，技术复杂，对工艺和编程要求较高，加工中难以调整，维修困难等。

4. 数控机床的发展趋势

新一代数控系统技术水平的提高，大大促进了数控机床性能的提升。当前，世界数控技术及其装备发展趋势主要体现在以下几个方面：

（1）高速、高效化　数控机床向高速化方向发展，可充分发挥现代刀具材料的性能，大幅度提高加工效率，降低加工成本，提高工件的表面质量和精度。超高速加工技术对制造业实现高效、优质、低成本生产有重要意义。

20世纪90年代以来，德国、美国、日本等国家争相开发应用新一代高速数控机床，加快了机床高速化发展步伐。高速加工的巨大吸引力在于提高效率的同时，提高了加工精度。高速切削可以减小吃刀量，有利于克服机床振动，降低传入工件的热量，减小热变形，从而提高加工精度，改善工件表面质量。

（2）高精度化　随着高新技术的发展和对机电产品性能与质量要求的提高，用户对机床加工精度的要求也越来越高。为了满足用户的需要，普通级数控机床的加工精度已由 $\pm 10\mu m$ 提高到 $\pm 5\mu m$，精密级加工中心的加工精度则从 $\pm(3\sim5)\mu m$ 提高到 $\pm(1\sim1.5)\mu m$。

（3）高可靠性　数控机床要发挥高性能、高精度、高效率，并获得良好的效益，关键取决于其可靠性。衡量可靠性的重要量化指标是平均无故障工作时间（Mean Time Between Failure，MTBF），即产品每连续两次故障之间的平均间隔时间。数控系统的 MTBF 已由 20 世纪 80 年代的 10000h 提高到 30000~50000h。

（4）智能化　数控机床的自适应控制技术可根据切削条件的变化，自动调节工作参数，使加工过程保持在最佳工作状态，从而得到较高的加工精度和表面质量，同时也能延长刀具的使用寿命，提高设备的生产率，确保生产安全。数控机床具有自诊断、自修复功能，在整个工作过程中，随时对计算机数字控制（Computer Numerical Control，CNC）系统本身以及与其相连的各种设备进行自诊断、检查。

（5）数控编程自动化　CAD/CAM 图形交互式自动编程是利用 CAD 绘制零件图，再经计算机内的刀具轨迹数据进行计算和后置处理，从而自动生成零件加工程序，实现 CAD 与 CAM 的集成。随着计算机集成制造系统（Computer Integrated Manufacturing System，CIMS）的发展，又出现了 CAD/CAPP/CAM 集成的全自动编程方式。它与 CAD/CAM 系统编程的最大区别是编程所需的加工工艺参数不必由人工输入，可直接从系统内的计算机辅助工艺规划（Computer Aided Process Planning，CAPP）数据库获得。

（6）复合化　复合化包含工序复合化和功能复合化。数控机床的发展已模糊了粗精加工工序的概念。车铣复合中心的出现，又把车、铣、镗等工序集中到一台机床来完成，打破了传统的工序界限和分开加工的工艺规程。

二、数控机床的组成及工作过程

1. 数控机床的组成

数控机床一般由数控系统和机床本体组成。常见的卧式数控车床如图 1-9 所示，常见的立式加工中心如图 1-10 所示。

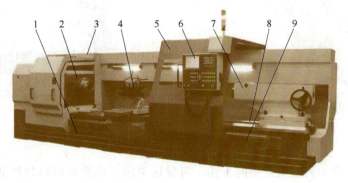

图 1-9　常见的卧式数控车床

1—床身　2—主轴箱　3—电气控制箱　4—刀架　5—防护板
6—操作面板　7—尾座　8—导轨　9—丝杠

（1）数控系统

1）操作面板。它是操作人员与数控装置进行信息交流的工具，由按钮站、MDI 键盘和显示器组成，如图 1-11 所示。

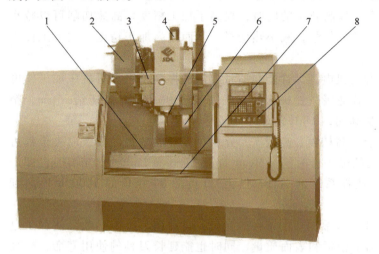

图 1-10 常见的立式加工中心

1—工作台 2—刀库 3—换刀装置 4—伺服电动机
5—主轴 6—导轨 7—床身 8—操作面板

图 1-11 FANUC-0i 系统机床操作面板

信息可采用键盘直接录入方式，或通过串行接口（或网络）将计算机上编写的加工程序输入到数控系统中。

2）数控装置（CNC 单元）。它包括计算机系统、位置控制板、PLC 接口板、通信接口板、特殊功能模块以及相应的控制软件。

数控装置根据输入的零件加工程序进行相应的处理（如运动轨迹处理、机床输入/输出处理等），然后输出控制命令到相应的执行部件（如伺服单元、驱动装置和 PLC 等），这些部件都是由数控装置内的硬件和软件协调配合、合理组织，从而使整个系统有条不紊地进行工作的。数控装置是数控系统的核心。

3）伺服单元、驱动装置和测量装置。伺服单元和驱动装置由主轴伺服驱动装置、主轴电动机、进给伺服驱动装置和进给电动机组成。测量装置包括位置测量装置和速度测量装置，如图 1-12 和图 1-13 所示，用于位置测量的光栅传感器和用于速度测量的光电编码器，已此实现进给伺服系统的闭环控制。

图 1-12 光栅传感器

图 1-13 光电编码器

伺服单元、驱动装置和测量装置协同工作，可保证灵敏、准确地跟踪数控装置指令。通过进给运动指令，实现零件加工的成形运动（速度和位置控制）；通过主轴运动指令，实现零件加工的切削运动（速度控制）。

4）PLC、机床 I/O 电路和装置。可编程逻辑控制器（Programmable Logic Controller，PLC）用于完成与逻辑运算有关的顺序动作的 I/O 控制，由硬件和软件组成。机床 I/O 电路和装置是实现 I/O 控制的执行部件，由继电器、电磁阀、行程开关、接触器等组成。

该组成部分的功用：一是接收数控装置的 M、S、T 指令，对其进行译码并转换成对应的控制信号，控制辅助装置完成机床相应的开关动作；二是接收操作面板和机床侧的 I/O 信号，送给数控装置，经其处理后输出指令控制数控系统的工作状态和机床的动作。

（2）机床本体　机床本体是数控机床的主体部分。来自于数控装置的各种运动和动作指令都必须由机床本体转换成真实的、准确的机械运动和动作。

机床本体由下列部分组成：

1）支撑装置，如床身、底座、立柱、滑座、工作台等。

2）主传动系统，如主轴电动机、主传动变速装置、主轴部件等。

3）进给系统，如驱动控制单元、驱动元件、机械传动部件、执行元件和检测反馈环节等。

4）辅助功能装置，如液压、气动、润滑、冷却、防护、排屑等。

5）分度定位装置，如回转工作台。

6）其他装置，如刀库、刀架和自动换刀装置（Automatic Tool Change，ATC）、托盘交换装置（Automatic Pallet Change，APC）。

7）特殊功能装置，如刀具破损监测、精度检测和监控装置等。

其中，1）~4）为基本件，5）~7）为可选件。

2. 数控机床的工作过程

数控机床的工作过程是将刀具移动轨迹等加工信息用数字化的代码记录在程序介质上，然后输入数控系统，经过译码、运算，发出指令，自动控制机床上的刀具与工件之间的相对运动，从而加工出形状、尺寸与精度符合要求的零件。数控机床的工作过程可分为图 1-14 所示的四个阶段。

图 1-14　数控机床的工作过程

（1）准备阶段　依照加工零件的图样确定有关加工数据（刀具轨迹坐标点、切削用量、刀具尺寸信息等），根据工艺方案、所选夹具和刀具等确定其他有关辅助信息。

（2）编程阶段　依照加工工艺信息，用机床数控系统能识别的语言编写数控加工程序（对加工工艺过程的描述），并填写程序单。

（3）准备信息载体阶段　依照已编好的程序单，将程序存放在信息载体（穿孔带、磁带、磁盘等）上，也可直接由计算机通过网络与机床数控系统通信。

（4）加工阶段　运行程序时，数控系统将程序译码、寄存和运算，向机床伺服单元发出运动指令，以驱动机床的各运动部件自动完成对工件的加工。

项目实施

学生通过查阅资料，分组讨论数控机床的类型、组成及特点等。教师带领学生参观数控实训或产教融合车间，辨别各种数控机床，让学生记录机床的类型、代号等，观看操作过程及加工作品，并讨论数控机床与普通机床之间的区别。

项目评价

请扫描二维码对本项目进行评价。

数控机床概述
项目评价

项目拓展

请扫描二维码观看并联机床相关内容。

并联机床
（PDF格式）

项目延伸

1. 简述数控机床的概念。

2. 简述数控机床的类型、特点及应用。

3. 简述数控机床的组成及工作过程。
4. 试分析三种伺服控制系统的控制特点。

项目二　数控加工工艺基础

 项目目标

1. 了解数控加工工艺。
2. 学会分析数控加工工艺的方法。
3. 了解切削用量对切削加工的影响，会合理选择切削用量。
4. 了解数控加工常用的工艺文件。

 素养目标

通过学习数控加工工艺内容和工艺文件，培养标准化意识，能用准确、简明、规范的工程语言表达工艺内容，具有从事数控加工工艺编制所需的科学态度、创新精神和工作能力。

 项目描述

合理确定数控加工工艺对实现优质、高效和经济的数控加工具有极为重要的作用，其内容包括选择合适的机床、刀具、夹具、进给路线及切削用量等。只有选择合适的工艺参数及加工方法，才能获得较理想的加工效果。从加工的角度看，数控加工技术主要是围绕加工方法与工艺参数的合理确定及有关其实现的理论与技术。数控加工通过计算机控制刀具进行精确的切削加工运动，是完全建立在复杂的数值运算之上的，能实现传统的机加工无法实现的加工工艺。那么要加工出合格的产品，需要储备哪些知识呢？

 项目链接

一、数控加工工艺概述

1. 数控加工工艺的特点

在设计零件的数控加工工艺时，首先要遵循普通加工工艺的基本原则和方法，同时还必须考虑数控加工本身的特点和零件编程的要求。数控加工工艺的特点如下：

（1）内容明确而具体　与普通加工工艺相比，数控加工工艺在工艺文件的内容和格式（例如，在加工部位、加工顺序、刀具配置与使用顺序、刀具轨迹、切削参数等方面）上都要更为详细。数控加工工艺必须详细到每一次进给路线和每一个操作细节，即普通加工工艺通常留给操作者完成的工艺与操作内容（如工步的安排、刀具几何形状及安装位置等）都必须由工艺人员在编制工艺时确定。

（2）工艺要求准确而严密　数控机床虽然自动化程度高，但自适应性差，它不能像普通加工那样可以根据加工过程中出现的问题人为的调整。例如，在数控机床上加工内螺纹时，机床无法判断孔中是否挤满了切屑，何时需要退一次刀，待清除切屑后再进行加工。因此，在数控加工的工艺设计中必须注意加工过程中的每一个细节，尤其是对图形进行数学处理、计算和编程时一定要力求准确无误，否则可能会出现重大事故。

（3）采用多坐标联动自动控制加工复杂表面　对于简单表面，数控加工与普通加工方法无太大的差别。但是对于一些复杂表面、特殊表面或有特殊要求的表面，数控加工与普通加工方法有着本质区别。例如，对于曲线和曲面的加工，普通加工是用划线、样板、靠模、钳工、成形加工等方法进行的，不仅生产率低，而且难以保证加工质量；数控加工则采用多坐标联动自动控制加工方法，其加工质量与生产率均优于普通加工方法。

（4）采用先进的工艺装备　为了满足数控加工高质量、高效率和高柔性的要求，在数控加工中广泛采用先进的数控刀具、组合夹具等工艺装备。

（5）采用工序集中　由于现代数控机床具有刚性大、精度高、刀库容量大、切削参数范围广及多坐标、多工位等特点，因此在工件的一次装夹中可以完成多个表面的多种加工，甚至可在工作台上装夹几个相同或相似的工件进行加工，从而缩短加工工艺路线和生产周期，减少加工设备、工装的数量和运输工件工作量。

2. 数控加工工艺的内容

根据实际应用需要，数控加工工艺主要包括以下内容：

1）选择适合在数控机床上加工的零件，确定数控机床加工内容。

2）对零件图样进行数控加工工艺分析，明确加工内容和技术要求。

3）设计合理的数控加工工序，包括工步的划分、工件的定位与夹具的选择、刀具的选择、切削用量的确定等。

4）处理特殊的工艺问题，如对刀点、换刀点的选择，加工路线的确定，刀具补偿等。

5）编程误差分析及其控制。

6）处理数控机床的部分工艺指令，编制工艺文件。

3. 数控机床的合理选用

选择数控机床时，考虑的因素主要有毛坯的材料和种类、零件轮廓形状复杂程度、尺寸大小、加工精度、零件数量、热处理要求等。

数控机床加工内容的选择应结合实际生产情况，立足于解决难题和提高生产率，充分发挥数控加工的优势，一般可按下列顺序考虑：

1）优先选择通用机床无法加工的内容进行数控加工。

2）重点选择通用机床难以加工或质量难以保证的内容进行数控加工。

3）采用通用机床加工效率较低、劳动强度较大的内容，在数控机床尚存富余能力的基础上可选择数控加工。

二、数控加工工艺分析

数控加工工艺分析需要考虑的因素包括定位基准的选择、加工方法和加工方案的确定、加工顺序的安排、刀具进给路线的确定、工件的装夹与夹具的选择、刀具的选择、切削用量的确定。

1. 定位基准的选择

定位基准选择正确与否不仅直接影响数控加工零件的加工精度，还会影响夹具结构的复杂程度和加工效率等。

（1）精基准的选择　精基准的选择应从保证零件的加工精度，特别是加工表面的相互位置精度方面来考虑，尽量使工件装夹方便、夹具结构简单可靠。精基准的选择应遵循如下原则：

1）基准重合原则。应尽可能选用设计基准作为精基准，这样可以避免因基准不重合而引起的误差。

2）基准统一原则。在加工工件的多个表面时，尽可能使用同一组定位基准作为精基准。这样便于保证各加工表面的相互位置精度，避免基准变换所产生的误差，并能简化夹具的设计与制造。

3）互为基准原则。当两个加工表面相互位置精度以及它们自身的尺寸与形状精度都要求很高时，可以采用互为基准的原则，反复多次进行加工。

4）自为基准原则。有些精加工或光整加工工序要求加工余量小而均匀，在加工时应尽量选择加工表面本身作为精基准，而该表面与其他表面之间的位置精度则由先前工序保证。

5）便于装夹原则。所选精基准应保证定位准确、稳定及装夹方便可靠，夹具结构简单适用，操作方便灵活，有足够大的接触面积以承受较大的切削力。

(2) 粗基准的选择　粗基准的选择主要影响不加工表面与加工表面之间的相互位置精度，以及加工表面的余量分配。粗基准的选择应遵循如下原则：

1) 不加工表面原则。为了保证加工面与不加工面之间的位置要求，应选不加工面 B 作为粗基准，如图 1-15a 所示。如果工件上有多个不加工面，则应以与加工表面位置精度要求较高的表面 φB 作为精基准，如图 1-15b 所示。

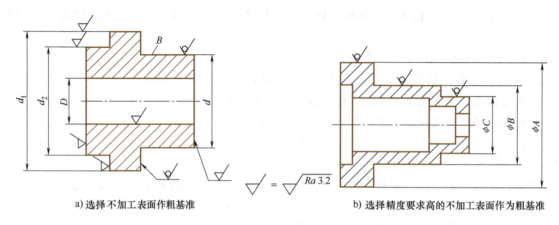

a) 选择不加工表面作粗基准　　b) 选择精度要求高的不加工表面作为粗基准

图 1-15　不加工表面原则

2) 加工余量最小原则。以余量最小的表面（如 φB 外圆柱面）作为粗基准，以保证各加工表面有足够的加工余量，如图 1-16 所示。

3) 重要表面原则。为保证重要表面的加工余量均匀，应选择该表面作为粗基准。

4) 不重复使用原则。原则上粗基准只能使用一次。

5) 大而平原则。选作粗基准的表面应尽量平整、光洁，不应有飞边、浇冒口等缺陷。

(3) 选择定位基准的注意事项　数控机床加工在选择定位基准时除了遵循以上原则，还应注意以下几点：

1) 应尽可能在一次装夹中完成所有能加工表面的加工，为此要选择便于各个表面加工的定位方式。如对于箱体零件，宜采用一面两销的定位方式，也可采用以某侧面作为导向基准，待工件夹紧后将导向元件拆去的定位方式。

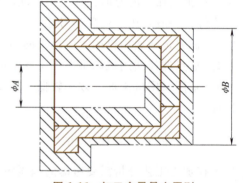

图 1-16　加工余量最小原则

2) 如果用一次装夹完成工件上各个表面的加工，也可直接选用毛坯面作为定位基准，只是对毛坯的制造精度要求更高。

2. 加工方法和加工方案的确定

(1) 加工方法的选择　首先保证加工表面的加工精度和表面质量的要求。由于获得同一精度和表面质量的加工方法有许多，因而在实际选择时，要结合零件的结构形状、尺寸大小和热处理要求等全面考虑。例如，标准公差等级为 IT7 的孔采用镗削、铰削、磨削等加工方法均可达到精度要求，但箱体上较大的孔一般采用镗削，较小的孔宜选择铰削，箱体上的孔不宜采用磨削。此外，还应考虑生产率和经济性的要求以及现有实际生产情况等。常用加工方法的经济加工精度和表面质量要求可查阅有关工艺手册。

(2) 加工方案的确定　大多数零件都是由平面、内外圆柱面、内外圆锥面和成形表面等简单几何表面组成的。因此，确定各种零件的加工方案，实际上是依据零件要求的加工精度、表面质量要求及零件的结构特点，把每一几何表面的加工方案确定下来。

确定加工方案时，首先应根据表面的加工精度和表面质量要求，初步确定为达到这些要求所需要的最终加工方法，然后逐一前推其工序，即可获得该表面的加工方案。例如，确定箱体上标准公差等级为IT7的孔的加工方案时，先确定最终加工方法为精铰，而精铰孔前通常要经过钻孔、扩孔和粗铰等工序。在确定表面的加工方案时，可查阅有关工艺手册。

3. 加工顺序的安排

加工顺序的安排会直接影响零件的加工质量、生产率和加工成本。在安排数控加工顺序时应遵循以下原则：

1）工序集中。合理进行工序组合，尽量使工序集中即采用少数工序完成工件的加工，每道工序的加工内容较多。

2）基准先行。定位基准面应在工艺过程一开始就进行粗、精加工，然后加工其余表面。

3）先粗后精。先安排粗加工，再安排半精加工和精加工。

4）先主后次。精度要求较高的主要表面的粗加工一般应安排在次要表面粗加工之前，这样有利于及时发现毛坯的内在缺陷。加工中容易损伤的表面（如螺纹等）其加工顺序尽量往后排。

5）先面后孔。对于箱体类零件，为提高孔的位置精度，应先加工面，后加工孔。

6）尽量使工件的装夹次数、工作台转动次数、刀具更换次数及所有空行程时间减至最少，以提高加工精度和生产率。例如，对于加工中心，若换刀时间比工作台转位时间长，在不影响加工精度的前提下，可按刀具集中工序，即在一次装夹中，用同一把刀具加工完该刀具能加工的所有部位，再换下一把刀具加工其他部位，这样可以减少换刀次数和时间；若换刀时间比工作台转位时间短很多，则应采用相同工位集中加工的原则，即在不转动工作台的情况下，尽可能加工完所有可以加工的待加工表面，然后转动工作台加工其他表面。

7）为了提高机床的使用效率，在保证加工质量的前提下，可将粗加工和半精加工合为一道工序。

下面通过一个实例来说明这些原则的应用。

图1-17所示零件为键槽轴，先通过数控车床把左端面和左侧外圆加工好（遵循基准先行原则），再按先粗后精、先主后次等原则进行加工。

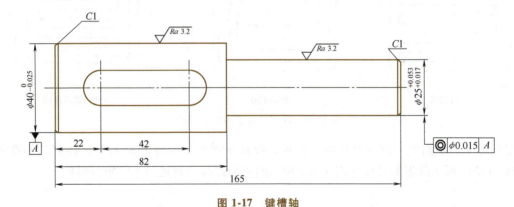

图1-17 键槽轴

具体工序如下：

1）用数控车床粗车左端面。

2）粗车左侧外圆至$\phi 40.5 mm$，长度为85mm。

3）精车左侧外圆至$\phi 40_{-0.025}^{0} mm$。

4）掉头车右端面控制总长为165mm。

5）粗车右侧外圆至$\phi 25.5 mm$，长度为82.8mm。

6）精车右侧外圆至$\phi 25_{+0.017}^{+0.053} mm$，长度为83mm。

7）用数控铣床粗铣键槽。

8）精铣键槽至尺寸。

此外，在安排加工顺序时，还要注意数控加工工序与普通加工、热处理和检验等工序的衔接。如果衔接得不好就容易出现问题，最好的解决办法是建立工序间的相互状态联系，在工艺文件中做到互审、会签。例如是否预留加工余量,留多少余量,定位基准的要求,零件的热处理等,都要前后兼顾,统筹衔接。

4. 刀具进给路线的确定

刀具进给路线是指数控加工过程中刀具(刀位点)相对于被加工工件的运动轨迹。刀位点是指编制数控加工程序时用以确定刀具位置的基准点。如图 1-18 所示,对于平头立铣刀、面铣刀类刀具,刀位点一般为刀具轴线与刀具底端面的交点;对于球头铣刀,刀位点为球心;对于车刀、镗刀类刀具,刀位点为刀尖;钻头的刀位点为钻尖等。设计好进给路线是编制合理加工程序的条件之一。

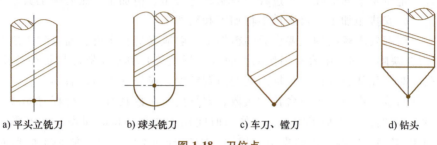

a) 平头立铣刀　　b) 球头铣刀　　c) 车刀、镗刀　　d) 钻头

图 1-18　刀位点

确定进给路线的原则如下:

1)保证被加工工件的精度和表面质量。如图 1-19 所示,在铣削封闭的凹轮廓时,刀具的切入、切出最好选在两面的交界处,否则会产生刀痕。为保证表面质量,最好选图 1-19b、c 所示的进给路线。

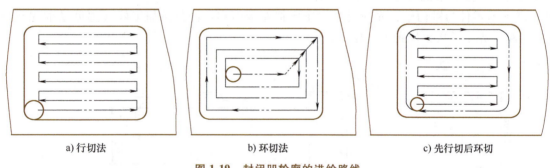

a) 行切法　　b) 环切法　　c) 先行切后环切

图 1-19　封闭凹轮廓的进给路线

2)尽量缩短进给路线,减少刀具的空行程,提高生产率。如图 1-20 所示,圆周均布孔的进给路线,采用图 1-20b 所示的进给路线比图 1-20a 所示的进给路线节省近一半的定位时间。

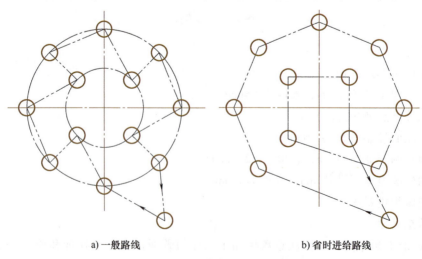

a) 一般路线　　b) 省时进给路线

图 1-20　圆周均布孔的进给路线

3）应使数值计算简单、程序段少，以减少编程工作量。

在实际应用中，往往要根据具体的加工情况灵活应用以上原则选择合适的进给路线。下面以在数控车床上车削加工圆弧为例进行简要分析。

在数控车床上加工圆弧时，若用一刀就把圆弧加工出来，则容易因背吃刀量 a_p 太大而发生打刀，因此在实际切削过程中需要多刀加工，先将大部分余量切除，再加工所需圆弧。图 1-21 所示为车削加工圆弧的车圆法进给路线。

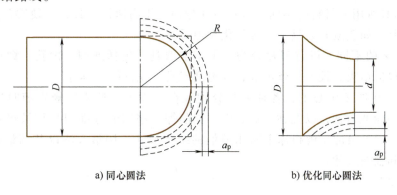

a）同心圆法　　　　　　　　b）优化同心圆法

图 1-21　车圆法进给路线

5. 工件的装夹与夹具的选择

在进行数控加工时，无论数控机床本身具有多么高的精度，如果工件因装夹不合理而产生变形或歪斜，都会因此降低零件加工精度。要正确装夹工件，必须合理地选用数控机床夹具，才能保证加工出高质量的产品。

（1）装夹工件的基本原则　在进行数控加工时，装夹工件的基本原则与通用机床相同，都要根据具体情况合理选择定位基准和夹紧方案。为了提高数控加工的生产率，在确定定位基准与夹紧方案时应注意以下几点：

1）力求设计基准、工艺基准与编程计算的基准统一。
2）尽量减少工件的装夹次数和辅助时间，即尽可能在工件的一次装夹中加工出全部待加工表面。
3）避免采用占机人工调整方案，以充分发挥数控机床的效能。
4）对于加工中心，工件在工作台上的安放位置要兼顾各个工位的加工，要考虑刀具长度及其刚度对加工质量的影响。如果进行单工位单面加工，则应将工件向工作台一侧放置；如果进行四工位四面加工，则应将工件放置在工作台的正中心。这样可减少刀杆伸出长度，提高刀具刚度。

（2）选择夹具的基本原则　数控加工的特点对夹具提出了两个基本要求：一是要保证夹具的坐标方向与机床的坐标方向相对固定，二是要协调工件和机床坐标系的尺寸关系。除此之外，还要考虑以下几点：

1）在单件小批量生产条件下，应尽量采用组合夹具、可调夹具及其他通用夹具，以缩短生产准备时间，提高生产率。
2）在大批量生产时考虑采用专用夹具并力求结构简单。
3）采用辅助时间短的夹具，即工件的装卸要迅速、方便、可靠。
4）为满足工件加工质量要求，应确保数控机床夹具的定位和夹紧精度高。
5）夹具上的定位、夹紧机构元件应避免与刀具发生干涉。
6）便于清扫切屑。

6. 刀具的选择

合理选择和使用刀具对于提高数控加工效率、降低生产成本、缩短交货时间及加快新产品开发等十分重要。应根据机床的性能、工件材料的特性、加工工序、切削用量以及其他相关因素正确选用刀具及刀柄。

（1）刀具选择总的原则　安装调整方便，刚性好，刀具寿命长，加工精度高。在满足加工要求的前提下，尽量选择较短的刀柄。

（2）刀具分类

1）根据刀具结构的不同，可将刀片分为：①整体式刀片；②镶嵌式刀片，包括焊接式刀片和机夹式刀片，其中机夹式刀片又分为不转位刀片和可转位刀片两种；③特殊形式刀片，如复合式刀具、减振式刀具等。

2）根据制造刀具所用的材料的不同，可将刀片分为：①高速钢刀具；②硬质合金刀具；③陶瓷刀具；④其他材料刀具，如金刚石刀具、立方氮化硼刀具等。

3）根据切削工艺的不同，可将刀片分为：①车削刀具，包括外圆、内孔、螺纹、切割刀具等多种；②钻削刀具，包括钻头、铰刀、丝锥等；③镗削刀具；④铣削刀具等。

（3）注意事项　在加工中心上，各种刀具分别装在刀库上，按程序规定随时进行选刀和换刀动作。因此，必须采用标准刀柄，以便钻、扩、镗、铣削等工序用的标准刀具可被迅速、准确地装到机床主轴或刀库中。编程人员应了解机床上所用刀柄的结构尺寸、调整方法以及调整范围，以便在编程时确定刀具的径向和轴向尺寸。

7. 切削用量的确定

切削用量包括切削速度、背吃刀量和进给速度（或进给量），如图1-22所示。切削用量的合理选择将直接影响加工精度、表面质量、生产率和经济性，其确定原则与普通加工相似。

合理选择切削用量的原则是：粗加工时，一般以提高生产率为主，但也应考虑经济性和生产成本，因此在工艺系统刚度允许的情况下，充分利用机床功率，发挥刀具切削性能，选取较大的背吃刀量 a_p 和进给量 f，但不宜选取较高的切削速度 v_c；半精加工和精加工时，应在保证加工质量（即加工精度和表面粗糙度）的前提下，兼顾切削效率、经济性和生产成本，一般应选较小的背吃刀量 a_p 和进给量 f，选择尽可能高的切削速度 v_c。具体数据应根据机床使用说明书、切削用量手册，并结合实际经验加以修正确定。

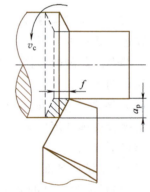

图 1-22　切削用量

（1）切削速度 v_c 的确定　切削速度是切削用量中对加工效率、刀具寿命、切削力、工件表面质量等有很大影响的因素。增大切削速度，可提高切削效率，减小表面粗糙度值，但会缩短刀具寿命。因此，要综合考虑切削条件和要求，选择适当的切削速度。表1-1所列为车削加工常用金属材料的切削速度，表1-2所列为铣削加工常用金属材料的切削速度和进给量，可供参考。

表 1-1　车削加工常用金属材料的切削速度

工件材料	抗拉强度或硬度	刀具材料	粗加工时的切削速度/(m/min)	精加工时的切削速度/(m/min)
钢	350~400N/mm²	高速钢	40~50	60~75
		硬质合金	130~240	200~300
	430~500N/mm²	高速钢	30~35	50~70
		硬质合金	100~200	220~300
	600~700N/mm²	高速钢	22~28	30~40
		硬质合金	100~150	150~220
	700~850N/mm²	高速钢	18~24	35~40
		硬质合金	70~90	100~130
铸铁	140~190　HBW	高速钢	18~25	30~35
		硬质合金	60~90	90~130

(续)

工件材料	抗拉强度或硬度	刀具材料	粗加工时的切削速度/(m/min)	精加工时的切削速度/(m/min)
锡青铜	65~95 HBW	高速钢	40~50	60~75
		硬质合金	250~300	300~400
	95~125 HBW	高速钢	30~35	40~50
		硬质合金	150~200	220~300
铝	60~150 HBW	高速钢	150~200	200~250
		硬质合金	600~800	800~1000

表1-2 铣削加工常用金属材料的切削速度和进给量

工件材料	抗拉强度或硬度	刀具材料	粗加工		精加工	
			切削速度/(m/min)	进给量/(mm/z)	切削速度/(m/min)	进给量/(mm/z)
钢	500~700N/mm^2	P25	80~120	0.3~0.4	100~120	0.1
	700~1000N/mm^2	P40	60~100	0.15~0.4	80~100	0.1
铸铁	200~300 HBW	K20	60~90	0.3~0.5	60~90	0.1
黄铜	80~120 HBW	K20	150~220	0.15~0.4	170~300	0.1
青铜	60~100 HBW	K20	100~180	0.15~0.4	140~250	0.1

主轴转速 n 要根据计算值在编程中给予规定,可根据刀具或工件直径 D 按公式 $n=1000v_c/(\pi D)$ 来确定主轴转速 n(单位为 r/min)。数控机床的控制面板上一般备有"主轴转速调整率"旋钮,可在加工过程中对主轴转速进行倍率调整。

(2)背吃刀量 a_p 的选择 粗加工时,除留下精加工余量外,一次进给应尽可能去除全部余量。在加工余量过大、工艺系统刚性较低、机床功率不足、刀具强度不够等情况下,可分多次进给。切削表面有硬皮的铸锻件时,应尽量使背吃刀量大于硬皮层的厚度,以保护刀尖。精加工的加工余量一般较小,可一次去除。

在中等功率机床上,粗加工的背吃刀量取 8~10mm,半精加工的背吃刀量取 0.5~5mm,精加工的背吃刀量取 0.2~1.5mm。

(3)进给速度 v_c 的确定 进给速度是数控机床切削用量中的重要参数之一,主要根据零件的加工精度要求和表面粗糙度值以及刀具、工件的材料特性选取。最大进给速度受机床刚度和进给系统的性能限制。

粗加工时,由于对工件的表面质量没有太高的要求,因此主要根据机床进给机构的强度和刚性、刀杆的强度和刚性、刀具材料、刀杆和工件尺寸以及已选定的背吃刀量等因素来选取进给速度;精加工时,则按表面质量要求、刀具及工件材料等因素来选取进给速度。

三、数控加工工艺文件编制

编写数控加工工艺文件是数控加工工艺设计的内容之一。这些工艺文件既是数控加工和产品验收的依据,也是操作者必须遵守和执行的规程。工艺文件的内容和格式因数控机床和加工要求的不同而有所区别。由于目前尚无统一的国家标准,因此各企业可根据自身特点制订相应的工艺文件。下面介绍企业中主要应用的工艺文件。

1. 数控加工工序卡

数控加工工序卡与普通机械加工工序卡有较大区别。数控加工的工序一般比较集中,每一道加工工序可划分为多个工步,工序卡不仅应包含每一个工步的加工内容,还应包含其程序段号、所用刀具类型及切削用量等内容。它不仅是编程人员编制数控加工程序时必须遵循的基本工艺文件,同时也是指导操作人员操作数控机床加工工件的主要资料。数控加工工序卡的格式和内容可根据数控机床的型号适当调整。表1-3所示为数控加工工序卡的一种格式。

表1-3 数控加工工序卡

工步	加工内容	刀具		主轴转速 /(r/min)	进给量 /(mm/min)	背吃刀量 /mm
		名称	直径/mm			
1						
2						
3						
4						

2. 数控加工刀具卡

数控加工刀具卡中主要有刀具的名称、编号、规格、长度和半径补偿值，以及所用刀柄的型号等内容，它是调刀人员准备和调整刀具、机床操作人员输入刀补参数的主要依据。表1-4所列为数控加工工具、量具、刀具卡。

表1-4 数控加工工具、量具、刀具卡

类别	序号	名称	规格或型号	精度/mm	数量	备注
工具、量具						
刀具						
辅具						

3. 数控加工进给路线图

一般用数控加工进给路线图应准确描述刀具从起刀点开始，直到加工结束返回终点的轨迹。它不仅是编制数控加工程序的基本依据，还能使机床操作者了解刀具运动路线（包括进刀、抬刀位置等），计划好夹紧位置及控制夹紧元件的高度，避免发生碰撞。进给路线图一般可用统一约定的符号来表示，不同的机床可以采用不同的图例与格式。

4. 数控加工程序单

数控加工程序单是编程人员根据工艺分析情况，经过计算并按照数控机床的程序格式和指令代码编制的。它是记录数控加工工艺过程、工艺参数、位移数据的清单，并对部分程序内容进行解释和说明，帮助操作人员正确理解程序内容。表1-5所列为FANUC系统常用数控车削加工程序单的格式。

表 1-5　常用数控车削加工程序单

程序内容	说明
O××××；	程序名
……	
……	
……	
M30；	程序结束并返回程序起始位置
%	

项目实施

各小组成员根据下发的简单零件图讨论分析各表面的组成、尺寸精度、表面粗糙度、几何精度及热处理等要求，并思考相应的工艺措施；然后确定装夹方案、加工顺序及进给路线；再选择刀具、切削用量（背吃刀量、主轴转速、进给速度）；最后填写数控加工工艺卡片。

项目评价

请扫描二维码对本项目进行评价。

数控加工工艺基础项目评价

典型轴类零件的数控加工工艺分析

项目拓展

请扫描二维码观看典型轴类零件的数控加工工艺分析视频。

项目延伸

1. 与普通加工工艺相比，数控加工工艺有哪些特点？
2. 数控加工工艺的主要内容有哪些？
3. 在装夹工件时要考虑哪些原则？选择夹具时有哪些注意事项？
4. 选择切削用量的原则是什么？对于粗、精加工而言，在切削用量的选择上有什么不同？
5. 什么是数控加工的进给路线？确定进给路线时有哪些原则？

项目三　数控加工常用刀具

项目目标

1. 了解数控车刀、铣刀的常用类型，能根据工件需要合理选用刀具。
2. 了解数控车刀的选用和安装方法。
3. 了解数控铣刀刀柄的选择和安装方法。
4. 了解数控加工刀具的修磨技术。

素养目标

通过学习国产数控加工刀具的种类、结构、特点、选用及安装方法，了解我国制造业的现状和发展方向，增强对国产品牌的信心和认可度，培养精益求精的工匠精神和勤奋踏实的工作态度。

项目描述

随着现代制造业的发展,数控加工技术在工业生产中扮演着越来越重要的角色。数控加工技术通过计算机控制机床的运动实现高精度、高效率的零件加工,而在数控加工过程中,刀具作为重要的工具直接影响着加工质量和效率。了解不同类型刀具的特点、用途,掌握合理选择和正确使用刀具的方法,有助于提高数控加工的效率和质量,帮助学生提升专业力。

项目链接

数控加工是一种高效、精确的金属加工技术,广泛应用于制造业的各个领域。数控加工常用刀具是指在数控加工过程中经常使用的切削工具,能够在不同的材料和工艺条件下实现高精度切削。先进的刀具不但是推动制造技术发展进步的重要动力,还是提高产品质量和生产率、降低生产成本的重要手段。

一、数控车床常用刀具的类型及选择方法

1. 数控车床常用刀具的特点

在数控车削加工中,产品质量和劳动生产率在相当大的程度上受刀具的制约。为适应数控车床加工精度高、加工效率高、加工工序集中及零件装夹次数少的需要,数控车床刀具需经过特别设计和处理。与普通机床的刀具相比,数控车床常用刀具及刀具系统具有以下特点:

1) 刀片或刀具的通用化、规则化和系列化。
2) 刀片或刀具几何参数和切削参数的规范化和典型化。
3) 刀片或刀具材料及切削参数须与被加工工件的材料相匹配。
4) 刀片或刀具的寿命长、加工刚度好。
5) 刀片在刀杆中的定位基准精度高。
6) 刀杆须有较高的强度、刚度和耐磨性。

2. 数控车床刀具材料

刀具材料是指刀具切削部分的材料。在数控车床上进行金属切削加工时,刀具切削部分直接接触工件和切屑,承受着很大的切削力和冲击力,并与工件和切屑发生摩擦,产生热量。也就是说,刀具切削部分是在高温、高压及剧烈摩擦的条件下工作的。刀具寿命和切削加工效率与刀具切削部分的材料性能息息相关。刀具切削部分的材料要求见表1-6。

表1-6 刀具切削部分的材料要求

序号	指标要求	具体阐述
1	高硬度	刀具材料的硬度必须高于被加工工件材料的硬度,否则在高温条件下不能保持刀具的几何形状。这是刀具材料应具备的基本特征 碳素工具钢的硬度在室温条件下应在62HRC以上,高速钢的硬度为63~70HRC;硬质合金的硬度为89~93HRA
2	足够的抗弯强度和冲击韧度	刀具切削部分的材料在切削时要承受很大的切削力和冲击力。例如,车削加工45钢时,当a_p = 4mm,f = 0.5mm/r时,刀片要承受约4000N的切削力 刀具材料必须要有足够的强度和韧性。一般用抗弯强度(单位为Pa)表示刀具材料的强度大小;用冲击韧度(单位为J/m^2)表示其韧性的大小,它反映刀具材料抵抗脆性断裂和崩刃的能力
3	高耐磨性	刀具材料的耐磨性是指其抵抗磨损的能力。一般来说,刀具材料硬度越高,耐磨性越好。此外,刀具材料的耐磨性还和金相组织中化学成分及硬质点的性质、数量、颗粒大小和分布状况有关。金相组织中碳化物越多、颗粒越细、分布越均匀,其耐磨性越高

(续)

序号	指标要求	具体阐述
4	高耐热性	刀具材料的耐热性和耐磨性有着密切的关系。通常用它在高温下保持较高的硬度的性能即高温硬度或热硬性来衡量。高温硬度越高表示耐热性越好,刀具材料在高温时抗塑性变形、抗磨损的能力越强。耐热性差的刀具材料因在高温环境下的硬度显著下降而导致其快速磨损乃至发生塑性变形,丧失切削能力
5	良好的导热性	刀具材料的导热性用热导率[单位为 W/(m·K)]表示。热导率大表示导热性好,切削时产生的热容量容易传导出去,降低刀具切削部分的温度,从而减轻刀具磨损。此外,应选用导热性好的刀具材料进行断续切削,特别是在加工材料导热性能差的工件时尤为重要
6	良好的工艺性和经济性	为了便于制造,要求刀具材料有较好的工艺性,包括锻压、焊接、切削、热处理等。经济性是评价和推广应用新型刀具材料的重要指标之一,刀具材料的选用应结合我国资源特点,以降低成本
7	良好的抗黏结性	为防止工件与刀具材料分子间在高温高压作用下互相吸附产生黏结,刀具材料应具备良好的抗黏结性
8	高化学稳定性	化学稳定性是指刀具材料在高温下,不易与周围介质发生化学反应的性能

数控车床刀具材料从制造所采用的材料上可分为高速钢刀具、硬质合金刀具、特殊材料(金属陶瓷、立方氮化硼、金刚石)刀具等,如图 1-23 所示。其中,应用最为普遍的刀具材料有高速钢和硬质合金两大类。常用数控车床刀具材料见表 1-7。

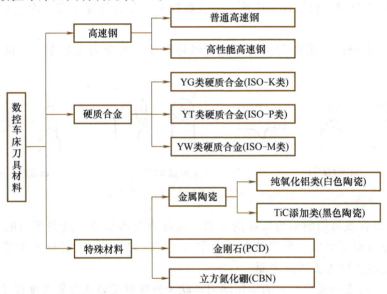

图 1-23 数控车床刀具材料

表 1-7 常用数控车床刀具材料

材料名称	牌号	性能	用途
高速钢	W18Cr4V	有较好的综合性能和可磨削性能	用于制造各种复杂刀具和精加工刀具
	W6Mo5Cr4V	有较好的综合性能,热塑性较好	用于制造热轧刀具
硬质合金	YG3	抗弯强度和韧性较好,适用于加工铸铁、非铁金属等脆性材料或冲击力较大的场合	用于精加工
	YG6		用于半精加工之间
	YG8		用于粗加工
	YT5	耐磨性和抗黏附性较好,能承受较高的切削温度,适合加工钢或其他韧性较大的塑性金属	用于粗加工
	YT15		用于半精加工之间
	YT30		用于精加工

3. 数控车床刀具材料的选用原则

（1）按工件材料选用　合理选择刀具材料、牌号，需要掌握金属切削的基本知识和规律，了解刀具材料的切削性能和工件材料的切削加工性能及加工条件，兼顾经济效益。对于不同的工件材料，其加工刀具的选用方法一般应遵循以下原则：

1）加工普通材料工件时，一般选用普通高速钢和硬质合金。

2）对于难加工材料可选用高性能和新型刀具材料。

3）只有在加工高硬材料或精密加工中常规刀具材料不能满足加工精度要求时，才考虑用立方氮化硼（CBN）和金刚石（PCD）刀具材料。

（2）综合考虑选用　一般刀具材料难以兼备良好的强度、韧性和硬度以及耐磨性，综合考虑时应遵循以下原则：

1）一般情况下，低速切削时，切削过程不平稳，容易产生崩刃现象，宜选用强度和韧性较好的刀具材料。

2）高速切削时，切削温度对刀具材料的磨损影响大，应选择耐磨性好的刀具材料。

3）可根据工件材料的切削加工性和加工条件优先考虑耐磨性，崩刃问题尽可能用刀具合理几何参数解决。只有因刀具材料脆性太大而造成崩刃，才考虑降低对刀具材料的耐磨性要求，选用强度和韧性较好的刀具材料。

4. 数控车刀的类型

（1）根据加工用途分类　根据加工用途，可将数控车刀分为外圆车刀、内孔车刀、螺纹车刀、车槽刀等。

（2）根据刀尖形状分类　根据刀尖的形状，可将数控车刀分为尖形车刀、圆弧形车刀和成形车刀，如图1-24所示。

a) 尖形车刀　　　b) 圆弧形车刀　　　c) 成形车刀

图1-24　根据刀尖形状分类的数控车刀

1）尖形车刀。以直线形切削刃为特征的车刀一般称为尖形车刀。这类车刀的刀尖（刀位点）由直线形的主、副切削刃相交而成，常用的有端面车刀、切断刀、90°内/外圆车刀等。尖形车刀主要用于车削内外轮廓、直线沟槽等直线形表面。

2）圆弧形车刀。构成圆弧形车刀的主切削刃形状为轮廓度误差或线轮廓度误差很小的圆弧。车刀圆弧刃上的每一点都是刀具的切削点，因此车刀的刀位点不在圆弧刃上，而在该圆弧刃的圆心上。

圆弧形车刀主要用于加工有光滑连接的成形表面及精度、表面质量要求高的表面，如精度要求高的内/外圆弧面及尺寸精度要求高的内/外圆锥面等。

3）成形车刀。成形车刀也称样板车刀，其加工零件的轮廓形状完全由车刀的切削刃形状和尺寸决定，常用的有小半径圆弧车刀、非矩形车槽刀、螺纹车刀等。在数控车床上，除进行螺纹加工外，应尽量不用或少用成形车刀。

（3）根据车刀结构分类　根据车刀的结构，可将数控车刀分为整体式车刀、焊接式车刀和机械夹固式车刀三类。

1）整体式车刀。整体式车刀（见图1-25a）主要指整体式高速钢车刀，通常用于小型车刀、螺纹车刀和形状复杂的成形车刀，具有抗弯强度高、冲击韧度好、制造简单、刃磨方便、刃口锋利等优点。

2）焊接式车刀。焊接式车刀（见图1-25b）是将硬质合金刀片用焊接的方法固定在刀体上，经刃磨而成。这种车刀结构简单、制造方便、刚度较好，但抗弯强度低、冲击韧度差，切削刃不如高速钢车刀锋利，不易制作复杂刀具。

3) 机械夹固式车刀。机械夹固式车刀（见图 1-25c）是将标准的硬质合金可换刀片通过机械夹固方式安装在刀杆上的一种车刀，是当前数控车床上使用最广泛的一种车刀。

机械夹固式车刀又分为机夹可重磨车刀和机夹可转位车刀，如图 1-26 所示。

图 1-25 根据车刀结构分类的数控车刀

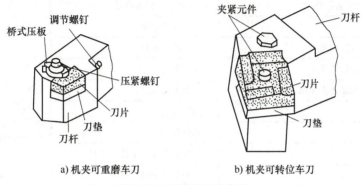

图 1-26 机械夹固式车刀

机夹可重磨车刀是将普通硬质合金刀片用机械紧固的方法安装在刀杆上，刀片变钝后可以修磨。修磨后可通过调节螺钉把刃口调整到适当位置，压紧后便可继续使用。

机夹可转位车刀的刀片为多边形，有多条切削刃，当某条切削刃磨损钝化后，只需松开夹紧元件，将刀片转一个位置便可继续使用。其最大优点是车刀几何角度完全由刀片保证，切削性能稳定，刀杆和刀片已标准化，加工质量好，大多数的自动化加工刀具已使用了机夹可转位刀片。

① 机夹可转位刀片的形状。机夹可转位刀片的形状也已实现了标准化，图 1-27 所示为一些常用的机夹可转位刀片形状。

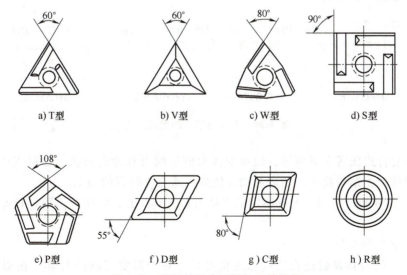

图 1-27 常用的机夹可转位刀片形状

② 机夹可转位刀片型号的表示方法。机夹可转位刀片的国家标准与 ISO 国际标准相同，共用 10 个代号表征刀片的尺寸及其他特征。代号①~⑦是必须注明的，代号⑧和⑨在需要时添加，第 10 号位前要加一短横线 "-" 与前面号位隔开，第 8、9 两个号位如只使用其中一位，则写在第 8 号位上，中

间不需要空格。

机夹可转位刀片型号的表示方法如图1-28所示，10个号位表示的内容见表1-8。刀片型号的具体含义可查阅相关数控刀具手册。

型号： C N M G 12 04 04 E N - IF
号位： 1 2 3 4 5 6 7 8 9 10

图1-28 机夹可转位刀片型号表示方法

表1-8 机夹可转位刀片10个号位表示的内容

位号	表示内容	代表符号	备注
1	刀片形状	一个英文字母	具体含义可参考GB/T 2076—2021《切削刀具用可转位刀片 型号表示规则》
2	刀片主切削刃法后角	一个英文字母	
3	刀片尺寸允许偏差等级	一个英文字母	
4	刀片夹固定形式及有无断屑槽	一个英文字母	
5	刀片长度	两位数字	
6	刀片厚度	两位数字	
7	刀尖形状	两位数字或一个英文字母	
8	切削刃截面形状	一个英文字母	
9	切削方向	一个英文字母	
10	制造商代号（断屑槽形及槽宽）	英文字母或数字	

例如：型号TBHG120408EL-CF中，T表示刀片形状为正三角形；B表示刀具法后角为5°；H表示刀片厚度公差为±0.013mm；G表示刀片双面有断屑槽，有圆形固定孔；12表示切削刃长为12mm；04表示刀片厚度为4.76mm；08表示刀尖圆弧半径为0.8mm；E表示切削刃倒圆；L表示切削方向为左切；CF为制造商代号。

③ 刀片与刀杆的固定方式。刀片与刀杆的固定方式通常有压板式压紧、复合式压紧、杠杆式压紧和螺钉式压紧等，如图1-29所示。

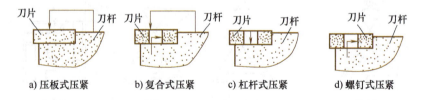

a) 压板式压紧　　b) 复合式压紧　　c) 杠杆式压紧　　d) 螺钉式压紧

图1-29 刀片与刀杆的固定方式

压板式压紧和复合式压紧夹紧可靠，能承受较大的切削力和冲击负载。螺钉式压紧和采用偏心轴销的杠杆式压紧配件少，结构简单，切屑流动性能好，适合于轻载的加工。

④ 夹持刀杆。各种型号的刀片均有不同的夹持刀杆与其配套，常用机夹可转位车刀刀杆如图1-30所示。

5. 常用数控车床刀具参数

机夹可转位车刀的刀具参数已设置成标准化参数。对于需要刃磨的刀具，在刃磨过程中要注意保证刀具参数在正确的范围。以硬质合金外圆精车刀为例，其刀具角度参数如图1-31所示，具体角度的定义方法请参阅有关切削手册。硬质合金刀具切削碳素钢时的角度参数参考推荐值见表1-9。在确定角度参数值的过程中，应考虑工件的材料、硬度、切削性能、具体轮廓形状和刀具材料等诸多因素。

图 1-30 机夹可转位车刀刀杆

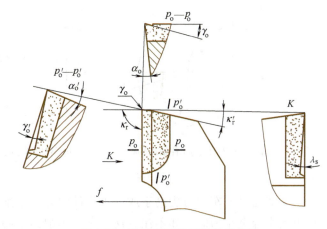

图 1-31 数控车刀的刀具角度参数

表 1-9 硬质合金刀具切削碳素钢时的角度参数推荐值

刀具	角度						
	前角 γ_o	后角 α_o	副后角 α_o'	主偏角 κ_r	副偏角 κ_r'	刃倾角 λ_s	刀尖半径 r_ε /mm
外圆粗车刀	0°~10°	6°~8°	1°~3°	75°左右	6°~8°	0°~3°	0.5~1
外圆精车刀	15°~30°	6°~8°	1°~3°	90°~93°	2°~6°	3°~8°	0.1~0.3
外槽车刀	15°~20°	6°~8°	1°~3°	90°	1°~1°30′	—	0.1~0.3
三角螺纹车刀	0°	4°~6°	2°~3°	—	—	0°	0.12P（P 为螺距）
通孔车刀	15°~20°	8°~10°	磨出双重后角	60°~75°	15°~30°	-6°~-8°	1~2
不通孔车刀	15°~20°	8°~10°	磨出双重后角	90°~93°	6°~8°	0°~2°	0.5~1

二、数控车床刀具的安装及修磨

1. 车刀的安装

以安装机夹可转位外圆车刀为例，采用螺钉压紧方式装夹刀片，刀片型号为 TBHG120408EL-CF，刀片安装效果如图 1-32 所示。

 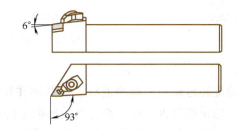 

图 1-32 机夹可转位外圆车刀的安装效果

车刀的安装效果关系到切削加工过程和工件的加工质量。安装车刀时应注意下列事项：

1）车刀安装在刀架上，伸出部分不宜太长，伸出长度一般为刀杆高度的 1~1.5 倍。伸出过长会使刀杆刚性变差，切削时易产生振动，影响工件的表面质量。

2）车刀垫铁要平整、数量要少且与刀架对齐。车刀至少要用两个螺钉压紧在刀架上。

3）车刀刀尖应与工件轴线等高（见图 1-33a），否则会因基面和切削平面的位置发生变化而改变车刀工作时的前角 γ_o 和后角 α_o 的数值。当车刀刀尖高于工件轴线（见图 1-33b）时，使后角减小，可增大车刀后刀面与工件间的摩擦；当车刀刀尖低于工件轴线（见图 1-33c）时，使前角减小，切削力增加，切削加工过程不顺利。

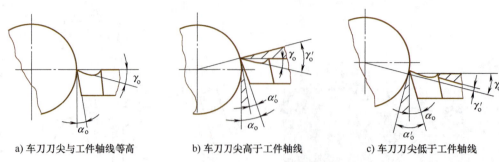

a) 车刀刀尖与工件轴线等高　　b) 车刀刀尖高于工件轴线　　c) 车刀刀尖低于工件轴线

图 1-33　装刀高低对车刀前后角的影响

车端面时，车刀刀尖高于或低于工件中心，车削后工件端面中心处会留有凸头，如图 1-34a 所示。使用硬质合金车刀时，如不注意这一点，车削到中心处会使刀尖崩碎，如图 1-34b 所示。

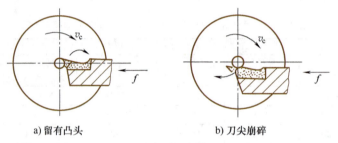

a) 留有凸头　　b) 刀尖崩碎

图 1-34　车刀刀尖不对准工件中心的后果

4）车刀刀杆中心线应与进给方向垂直，否则主偏角 κ_r 和副偏角 κ_r' 的数值会发生变化，如图 1-35 所示。安装螺纹车刀若发生歪斜，会使螺纹牙型半角产生误差。

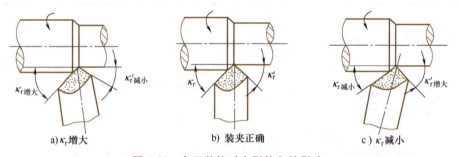

a) κ_r 增大　　b) 装夹正确　　c) κ_r 减小

图 1-35　车刀装偏对主副偏角的影响

2. 车刀的修磨

车削加工是在工件的旋转运动和刀具的进给运动共同作用下完成切削工作的。因此，车刀角度的选择是否合理、车刀刃磨的角度是否正确，都会直接影响工件的加工质量和切削效率。

（1）砂轮的选用　常用的砂轮有氧化铝砂轮和碳化硅砂轮两类，刃磨时必须根据刀具材料来选定。

1）氧化铝砂轮。氧化铝砂轮多呈白色，其砂粒韧度好，比较锋利，但硬度稍低，适于刃磨高速钢车刀和碳素工具钢车刀。氧化铝砂轮也称刚玉砂轮。

2）碳化硅砂轮。碳化硅砂轮多呈绿色，其砂粒硬度高，切削性能好，但较脆，适于刃磨硬质合金车刀。

砂轮的粗细用粒度表示，一般分为 $36^\#$、$60^\#$、$80^\#$ 和 $120^\#$ 等级别。粒度越大，表示组成砂轮的磨料越细，反之则越粗。粗磨车刀时应选择粗砂轮，精磨车刀时应选择细砂轮。

（2）车刀修磨的方法和步骤

1）车刀修磨的一般步骤与方法。

① 粗磨主后面，同时磨出主偏角及主后角，如图 1-36a 所示。

② 粗磨副后面，同时磨出副偏角及副后角，如图 1-36b 所示。

③ 磨前面，同时磨出前角，如图 1-37 所示。

④ 磨断屑槽。断屑槽常见的有圆弧形和直线形两种，如图 1-38 所示。圆弧形断屑槽的前角一般较大，适合切削较软的材料；直线形断屑槽的前角较小，适合切削较硬的材料。断屑槽的刃磨方法如图 1-39 所示。

⑤ 精磨主后面和副后面。精磨前要修整好砂轮，保持砂轮平稳旋转。修磨时将车刀底平面靠在调整好角度的托架上，并使切削刃轻轻地靠在砂轮的端面上并沿砂轮端面缓慢地左右移动，使砂轮磨损均匀、车刀刃口平直，主偏角、副偏角、主后角、副后角符合切削加工要求，如图 1-40 所示。

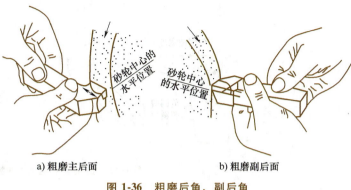

a) 粗磨主后面　　b) 粗磨副后面

图 1-36　粗磨后角、副后角

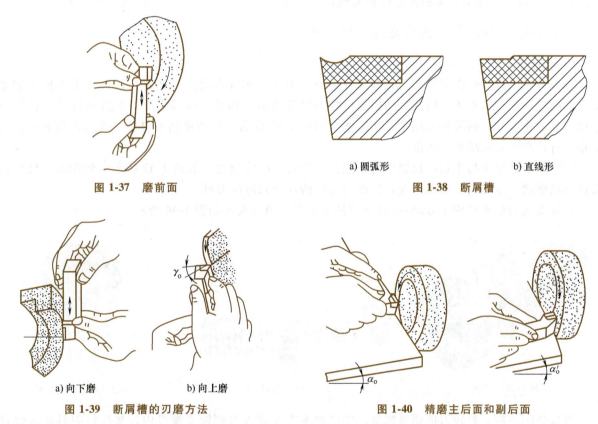

图 1-37　磨前面

图 1-38　断屑槽　a) 圆弧形　b) 直线形

图 1-39　断屑槽的刃磨方法　a) 向下磨　b) 向上磨

图 1-40　精磨主后面和副后面

⑥ 磨负倒棱。为了提高主切削刃的强度，改善其受力和散热条件，通常在车刀的主切削刃上磨出负倒棱，如图 1-41 所示。负倒棱的宽度一般为进给量的 0.5~0.8 倍。

⑦ 油石研磨车刀。车刀在砂轮上磨好后，其切削刃不够平滑光洁。使用这样的车刀，不仅会直接影响工件的表面质量，而且会缩短车刀的使用寿命。因此，手工刃磨后的车刀要根据刀具材料选择不同的精细油石研磨车刀的切削刃。

2) 车刀修磨的注意事项。

① 修磨车刀时，双手拿稳车刀，使刀杆靠于支架并让受磨表面轻贴砂轮。倾斜角度要合适，用力应均匀，以防挤碎砂轮，造成事故。

② 砂轮表面应经常修整，修刃磨车刀时不要用力过猛，以防打滑而伤手。

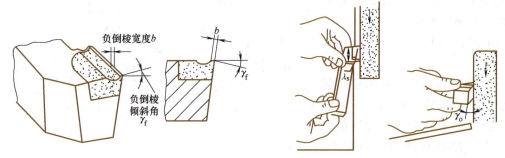

图 1-41 负倒棱及磨负倒棱的方法

③ 应尽量避免在砂轮端面上修磨车刀。

④ 修磨高速钢车刀时若刀头发热,应及时放入水中冷却,以防切削刃退火;修磨硬质合金车刀时若刀头发热,则不能将刀头放入水中冷却,以防刀头因急冷而产生裂纹。

⑤ 修磨结束,应随手关闭砂轮机电源。

⑥ 应严格遵守安全、文明操作的相关规定。

三、数控铣床刀具常见类型及选择方法

1. 数控铣床常用刀柄

数控铣床刀具一般由刀具和刀柄两部分组成。由于要实现自动换刀功能,因此要求刀柄能满足基于主轴的自动松开和夹紧,以及自动换刀机构的机械抓取、移动定位等需要。数控铣床的刀柄已经标准化、系列化,其刀柄模块采用 7:24 锥柄,如图 1-42 所示。这种锥柄不自锁,换刀比较方便,与直柄相比有较高的定位精度和刚度。

固定在锥柄尾部与主轴内拉紧机构相配备的拉钉也已标准化,如图 1-43 所示。装配时,将拉钉旋紧在刀柄尾部,主轴内拉紧机构通过滚珠与拉钉的配合来定位刀具。

弹簧夹头刀柄主要用于 $\phi 20mm$ 以下直柄立铣刀。弹簧夹头如图 1-44 所示。

图 1-42 刀柄　　　图 1-43 拉钉　　　图 1-44 弹簧夹头

刀具装配步骤:旋转刀柄锁紧螺母,先将弹簧夹头放入刀柄锁紧螺母内,然后将刀具放入弹簧夹头内,注意夹持的长短要适中,再将装配好的部分旋入刀柄,并用专用扳手旋紧,最后将装配好的刀具放入刀库或主轴头上。

2. 数控铣床常用铣刀及选用原则

(1) 数控铣床常用铣刀　数控铣床常用铣刀种类较多,下面对常用的面铣刀、立铣刀、键槽铣刀、模具铣刀、成形铣刀进行简要介绍。

1) 面铣刀。面铣刀如图 1-45 所示,它适用于加工平面,尤其适合加工较大面积的平面。面铣刀的主切削刃分布在外圆柱面或外圆锥面上,其端面上的切削刃为副切削刃。

面铣刀多制成套式镶齿结构,刀齿材料为高速钢或硬质合金。与高速钢面铣刀相比,硬质合金面铣刀铣削速度较快、加工效率较高、加工表面质量也较好,并可加工带有硬皮和淬硬层的工件,故得

到广泛应用。

2）立铣刀。立铣刀如图1-46所示，它分为高速钢立铣刀和硬质合金立铣刀两种，主要用于加工沟槽、台阶面、平面和二维曲面（如平面凸轮的轮廓）。

图1-45　面铣刀

图1-46　立铣刀

立铣刀通常由3~6个刀齿组成。每个刀齿的主切削刃分布在圆柱面上，呈螺旋线形，其螺旋角为30°~45°，这样有利于提高切削过程的平稳性和加工精度；刀齿的副切削刃分布在端面上，用来加工与侧面垂直的底平面。立铣刀的主切削刃和副切削刃可以同时进行切削，也可以分别单独进行切削。

3）键槽铣刀。键槽铣刀如图1-47所示，它有两个刀齿，圆柱面上和端面上都有切削刃，兼有钻头和立铣刀的功能。端面切削刃延伸至圆中心，使键槽铣刀既可以沿其轴向钻孔，切出键槽深度，又可以像立铣刀，用圆柱面上的切削刃铣削出键槽长度。

4）模具铣刀。模具铣刀是由立铣刀发展而来的，主要用于加工三维的模具型腔或凸凹模成形表面。它通常有三种类型：圆锥形立铣刀、圆柱形球头立铣刀和圆锥形球头立铣刀。圆柱形球头立铣刀如图1-48所示。

图1-47　键槽铣刀

图1-48　圆柱形球头立铣刀

5）成形铣刀。成形铣刀一般为专用刀具，即为某个工件或某项加工内容而专门制造（刃磨）的。它适用于加工特定形状的面、孔、槽、台等。

（2）铣刀选用原则

1）应根据加工表面的形状和尺寸选择铣刀的种类和尺寸。加工较大面积的平面应选择面铣刀；加工凸台、凹槽和平面曲线轮廓可选用高速钢立铣刀，但高速钢立铣刀不能用来加工毛坯面，因为毛坯面的硬化层和夹砂会加速刀具磨损；硬质合金立铣刀可以用来加工毛坯面；加工空间曲面、模具型腔等多选用模具铣刀或鼓形铣刀；加工键槽应选用键槽铣刀；加工各种圆弧形的凹槽、斜角面、特殊孔等可选择成形铣刀。

2）根据切削条件选用铣刀几何角度。在强力间断切削铸铁、钢等材料时，应选用负前角铣刀；正前角铣刀适用于铸铁、碳素钢等材料的连续切削。在铣削有台阶面的平面时，应选用主偏角为90°的面铣刀；在铣削无台阶面的平面时，应选择主偏角为75°的面铣刀，以延长铣刀的使用寿命。

3. 数控铣床常用孔加工刀具

（1）钻孔刀具　钻孔刀具一般用于扩孔、铰孔前的粗加工和螺纹底孔的加工等。数控铣床、加工中心钻孔用刀具主要是麻花钻、中心孔钻等。

1）麻花钻。麻花钻钻孔的尺寸公差等级一般为 IT12，表面粗糙度值为 $Ra12.5\mu m$。麻花钻按刀具材料分为高速钢钻头和硬质合金钻头；按柄部的不同可分为莫氏锥柄（见图 1-49）和直柄（见图 1-50），锥柄一般用于大直径钻头，直柄一般用于小直径钻头。

2）中心孔钻。中心孔钻如图 1-51 所示。数控铣床钻孔过程中，刀具的定位是由数控程序控制的，不需要钻模导向。为保证加工孔的位置精度，在使用麻花钻钻孔前，应该用中心孔钻钻中心孔，或是用刚度较大的短钻头钻中心孔，以保证钻孔中的刀具引正，确保麻花钻的定位。

图 1-49　莫氏锥柄　　　图 1-50　直柄　　　图 1-51　中心孔钻

（2）铰孔刀具　铰孔是对已加工孔进行微量切削，其合理切削用量如下：背吃刀量为铰削余量，粗铰余量为 0.15~0.35mm，精铰余量为 0.05~0.15mm；采用低速切削，粗铰时的切削速度为 5~7m/min，精铰时的切削速度为 2~5m/min；进给量一般为 0.2~1.2mm/r，进给量太小会产生打滑和啃刮现象。铰孔时要合理选择切削液，在钢材上铰孔宜选用乳化液，在铸铁件上铰孔宜选用煤油。

铰孔是一种对孔半精加工和精加工的加工方法，它加工工件的尺寸公差等级一般为 IT6~IT9，表面粗糙度值为 $Ra0.4~1.6\mu m$。铰孔一般不能修正孔的位置误差，因此孔的位置精度应该由铰孔的上一道工序保证。标准机用铰刀刀柄形式有直柄、套式和锥柄三种。直柄机用铰刀如图 1-52 所示。

图 1-52　直柄机用铰刀

（3）镗孔刀具　镗孔是使用镗刀对已钻出的孔或毛坯孔进行进一步加工的方法。镗孔的通用性较强，可以粗、精加工不同尺寸的孔，可以镗通孔、不通孔和阶梯孔，还可以加工同轴孔系和平行孔系等。粗镗孔的尺寸公差等级为 IT11~IT13，表面粗糙度值为 $Ra6.3~12.5\mu m$；半精镗孔的尺寸公差等级为 IT9~IT10，表面粗糙度值为 $Ra1.6~3.2\mu m$；精镗孔的尺寸公差等级可达 IT6，表面粗糙度值为 $Ra0.1~0.4\mu m$。镗孔具有修正形状误差和位置误差的能力。常用的镗刀有以下几种：

1）单刃镗刀。单刃镗刀与车刀类似，但刀具的大小受到孔径的尺寸限制，刚度较低，容易发生振动，因此在切削条件相同时，镗孔的切削用量一般比车削小 20%。单刃镗刀镗孔生产率较低，但其结构简单，通用性好，因此被广泛应用。

2）双刃镗刀。双刃镗刀的两端有一对对称的切削刃同时参与切削。双刃镗刀的优点是可以消除背向力对镗杆的影响，增大了系统刚度，能够采用较大的切削用量，生产率高；工件的孔径尺寸精度由镗刀来保证，调刀方便。其缺点是刃磨次数有限，刀具材料不能充分利用。

3）微调镗刀。为提高镗刀的调整精度，在数控机床上常使用微调镗刀，如图 1-53 所示。这种镗刀的径向尺寸可在一定范围内调整，其精度可达 0.01mm。

图 1-53　微调镗刀

四、数控铣刀的安装及磨修

安装数控铣刀时应考虑对刀点和换刀点的选择。对刀点和换刀点的选择主要根据加工操作的实际情况，应在保证加工精度的同时使操作简便。

1. 对刀点的选择

在加工时，工件在机床加工尺寸范围内的安装位置是任意的，要正确执行加工程序，必须确定工件在机床坐标系中的确切位置。对刀点是工件在机床上定位装夹后，设置在工件坐标系中用于确定工件坐标系与机床坐标系空间位置关系的参考点。在工艺设计和程序编制时，应以操作简单、对刀误差小为原则，合理设置对刀点。对刀点可以设置在工件上，也可以设置在夹具上，但都必须在编程坐标系中有确定的位置，如图1-54中的x_0和y_0。对刀点既可以与编程原点重合，也可以不重合，这主要取决于加工精度和对刀的方便程度。

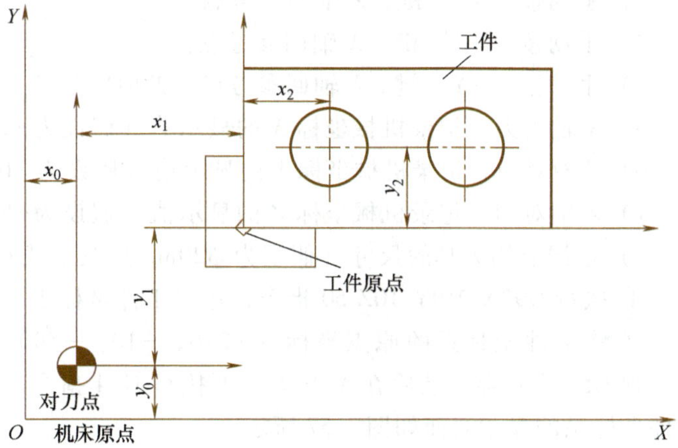

为了保证零件的加工精度要求，对刀点应尽可能选在零件的设计基准或工艺基准上。如以零件上孔的中心点或两条相互垂直的轮廓线的交点作为对刀点较为合适，但应根据加工精度对这些孔或轮廓面提出相应的精度要求，并在对刀之前准备好。当零件上没有合适的部位时也可以加工出工艺孔用来对刀。

图1-54 对刀点的选择

2. 对刀方法

确定对刀点在机床坐标系中的位置的操作称为对刀。对刀的准确程度将直接影响零件加工的位置精度，因此对刀是数控机床操作中的一项重要且关键的工作。对刀操作过程一定要仔细认真，对刀方法一定要与零件的加工精度要求相适应。在生产中常使用百分表、中心规及寻边器等工具辅助对刀。寻边器如图1-55所示。

无论采用哪种工具，都是使数控铣床主轴中心与对刀点重合，利用机床的坐标显示确定对刀点在机床坐标系中的位置，从而确定工件坐标系在机床坐标系中的位置。简单地说，对刀就是确定工件装夹在机床工作台的位置。

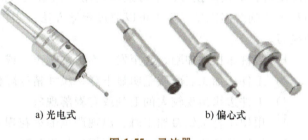

图1-55 寻边器

对刀方法如图1-56所示，对刀点与工件坐标系原点如果不重合（在确定编程坐标系时，最好使对刀点与工件坐标系重合），在设置机床零点偏置时（工件坐标系选择指令G54对应的值），应当考虑到两者的差值。

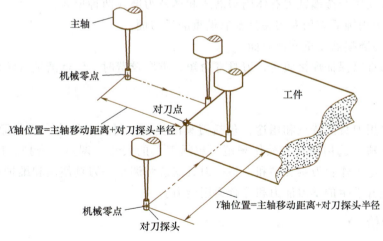

图1-56 对刀方法

以XK5025/4数控铣床FANUC-0i系统为例，对刀过程的操作方法如下：
1) 将方式选择开关置于"回零"位置。

2）手动按"+Z"键，Z轴回参考点。

3）手动按"+X"键，X轴回参考点。

4）手动按"+Y"键，Y轴回参考点。此时，CRT（屏幕）上显示各轴坐标均为0。

5）X轴对刀，记录机械坐标X的显示值（假设为-220.000）。

6）Y轴对刀，记录机械坐标Y的显示值（假设为-10.000）。

7）Z轴对刀，记录机械坐标Z的显示值（假设为-50.000）。

8）根据所用刀具的尺寸（假定为φ20mm）及上述对刀数据，建立工件坐标系。有以下两种方法：

① 执行G92X-210Y-10Z-50指令，建立工件坐标系。

② 将工件坐标系的原点坐标（-210，-10，-50）输入到G54寄存器，然后在MDI方式下执行G54指令。工件坐标系的显示页面如图1-57所示。

3. 换刀点的选择

由于数控铣床采用手动换刀，因此换刀时操作人员的主动性较高，换刀点只要设在零件外面，不发生换刀阻碍即可。

4. 数控铣刀的修磨

（1）铣刀磨损情况的判断　当铣刀的磨损量达到磨损限度时，应及时换刀，不可继续使用。判断铣刀的磨损是否达到磨损限度，除了可以通过测量方法，当出现下列情况之一时，也说明刀具严重磨损，应立即换刀。

1）当铣床振动加剧，甚至发出不正常响声，或是机床功率消耗增大10%～15%时。

2）工件已加工表面质量明显下降，尺寸精度降低。

3）工件边缘出现较大的毛刺或有剥落现象。

4）用硬质合金铣刀加工时，出现严重的火花现象。

5）切屑颜色明显改变，或是切屑形状出现畸形。

（2）铣刀的修磨

1）重磨键槽铣刀时，只磨端刃的后刀面，以保证重磨后尺寸不变。

2）修磨焊接式硬质合金端铣刀时，需将整个铣刀装夹在专用磨床上或万能工具磨床上逐个刃磨全部刀齿。焊接夹固式硬质合金端铣刀有体内刃磨式和体外刃磨式两种形式。

3）尖齿成形铣刀用钝后需用专用夹具及靠模重磨后刀面。

4）铲齿成形铣刀磨损后需重磨前刀面。

由于焊接式铣刀难以保证焊接质量，刀具寿命短，重磨较费时，已逐渐被可转位式面铣刀取代。

图1-57 工件坐标系的显示页面

工件坐标系设定		O0012 N6178	
NO.	(SHIFT)	NO.	(G55)
00	X0.000	02	X0.000
	Y0.000		Y0.000
	Z0.000		Z0.000
NO.	(G54)	NO.	(G56)
01	X-210.000		X0.000
	Y-10.000		Y0.000
	Z-50.000		Z0.000
ADRS			
15:37:50	MDI		
磨损	MACRO		坐标系	TOOLLF

项目实施

通过学习各种常用刀具的特点和用途，包括刀具的类型、材料、结构、切削原理等，学生了解使用常用刀具的注意事项、选用原则和操作规范，包括刀具的安装、调整、维护、修磨和更换优化等；学生根据项目要求实施工作：刀具类型和选择—刀具安装和调整—刀具使用和维护—刀具优化和改进。在项目实施过程中提升学生的学习能力和综合运用能力。

项目评价

请扫描二维码对本项目进行评价。

数控加工常用刀具评价

项目拓展

请扫描二维码观看数控铣床换刀操作视频。

 项目延伸

1. 对数控刀具切削部分的材料有哪些要求?
2. 常用的数控车刀有哪几种?如何进行选择?
3. 常用的数控铣刀有哪几种?如何进行选择?
4. 安装数控车刀的基本要求有哪些?
5. 安装数控铣刀的基本要求有哪些?
6. 修磨数控刀具时有哪些注意事项?

数控铣床换刀操作

项目四 数控机床夹具基础

 项目目标

1. 了解机床夹具的种类和特点。
2. 认识数控机床加工常用的夹具。
3. 了解六个自由度和六点定位原理。
4. 了解定位和夹紧的基础知识。

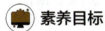 **素养目标**

通过实践培养学生的责任感、团队精神和创新能力,养成积极思考、注重安全与效率的习惯,并具备正确的价值观和社会责任感。

 项目描述

在数控加工过程中,夹具是一种用于固定工件的装置,直接影响着加工质量和效率。夹具的设计和使用对于数控加工的成功与否起着至关重要的作用,因此学习和了解数控加工机床夹具基础知识是必不可少的。夹具能够确保工件的稳定固定,提高加工精度和一致性,提高加工效率,降低生产成本。合理选择和使用夹具,能充分发挥数控加工的优势,提高生产率和产品质量。

项目链接

一、机床夹具概述

在机械制造加工中,为将工件定位而把工件可靠地夹紧并使工件处于相对于机床和刀具的正确位置,以完成需要的加工工序、装配工序及检验工序等,需使用大量的夹具。使用夹具,有利于提高劳动生产率,保证工件的加工精度,稳定产品质量;有利于改善工人劳动条件,保证安全生产;有利于扩大机床的工艺范围,实现"一机多用"。因此,作为机械制造中的一种重要工艺装备,夹具的应用越来越普遍。

1. 机床夹具的概念

机床夹具是机床上用以装夹工件和引导刀具的一种装置,如图1-58所示,其作用是将工件定位,使工件处于相对于机床和刀具的正确位置并把工件可靠地夹紧。

2. 机床夹具的分类

1) 按机床夹具的通用化程度的不同,可将机床夹具分为通用夹具、专用夹具、拼装夹具、可调夹

图 1-58 机床夹具装置

具、自动线夹具五大类型，见表 1-10。

表 1-10 机床夹具的分类

种类	图例	说明
通用夹具		通用夹具具有很大的通用性，适用于装夹各种轴类、盘类、箱体类工件。这类夹具一般已标准化、系列化，由专门厂家生产，有些则作为机床附件直接提供给用户
专用夹具		这类夹具是指针对某一工件的某一道或数道工序的加工而专门设计和制造的夹具。其生产准备周期比较长，费用较高，适用于产品较固定、生产批量较大的工件的生产
拼装夹具		这类夹具由预先制造好的各类标准元件和组件拼装而成。这类夹具是介于专用夹具和通用夹具之间的一类新型夹具，是机床夹具通用化、标准化、系列化发展的具体体现
可调夹具		可调夹具是针对通用夹具和专用夹具的不同特点而发展起来的一类新型夹具。对于不同类型和尺寸的工件，这类夹具只需要调整或更换个别定位元件和夹紧元件便可使用。它又分为通用可调夹具和成组可调夹具两种类型
自动线夹具		自动线夹具一般分为两种：一种为固定式夹具，与专用夹具十分相似；另一种为随行夹具，使用中夹具随着工件一起运动，并将工件沿着自动线从一个工位移动至下一个工位进行加工

2）按机床夹具使用的机床及加工工序内容的不同，可以将机床夹具分为车床夹具（见图 1-59）、钻床夹具（见图 1-60）、铣床夹具（见图 1-61）、磨床夹具（见图 1-62）、镗床夹具（见图 1-63）和其他机床夹具等。

a）液压自定心卡盘　　　b）手动卡盘

图 1-59　车床夹具

图 1-60　钻床夹具

图 1-61　铣床夹具

图 1-62　磨床夹具

图 1-63　镗床夹具

3. 机床夹具的组成

机床夹具通常由定位元件、夹紧装置、夹具体、连接元件、对刀装置和导向装置等部分组成，其中定位元件、夹紧装置、夹具体是夹具的基本组成部分。

（1）定位元件　工件在机床上进行加工时，必须保证工件相对于刀具处于正确的位置。对于批量较小或是单件生产的产品，正确位置可通过找正调整法保证；对于批量较大的产品，正确位置通常由（专用）夹具中的定位装置来保证。定位装置由各种标准或非标准定位元件组成，它是夹具的核心部分。夹具设计时应根据工件的具体情况设置各类定位元件，以保证工件在夹具中位置的同一性和正确性。常用的定位元件有 V 形块、心轴、套筒、角铁等，如图 1-64 所示。

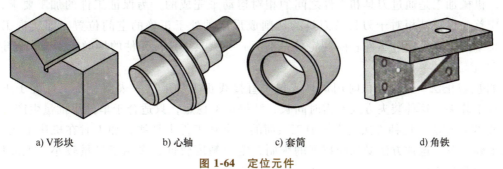

a）V 形块　　　b）心轴　　　c）套筒　　　d）角铁

图 1-64　定位元件

（2）夹紧装置　工件在机械加工过程中会受到切削力、惯性力及重力等外力作用，若工件因此发生移动，轻则造成废品，重则损坏刀具或机床，故夹具应通过夹紧装置对工件实施夹紧。

夹紧装置通常由起基本夹紧作用的夹紧机构构成。其中，应用最为普遍的是斜楔夹紧机构、螺旋夹紧机构和偏心夹紧机构。图 1-65 所示为螺旋夹紧机构。

(3) 夹具体 夹具体是整个夹具的基础和骨架，通过它将夹具上其他各类装置连接成一个有机整体，并实现夹具与机床的连接。图 1-66 所示为某钻床夹具体和某车床夹具体（花盘）。

另外，根据不同的使用要求，夹具还可以设置对刀装置、刀具引导装置、回转分度装置及其他辅助装置。需要指出的是，当切削力较小、工件自重较大或可依靠切削力来增大摩擦力而固定工件时，也可以不设夹紧装置。

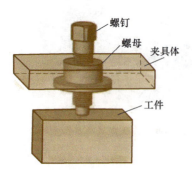

图 1-65 螺旋夹紧机构示意图

a) 钻床夹具体

b) 车床夹具体

图 1-66 夹具体

4. 机床夹具的作用

机床夹具的作用见表 1-11。

表 1-11 机床夹具的作用

作用	相关说明
保证加工精度，稳定加工质量	通过夹具的设计和应用保证了工件加工表面的尺寸与位置精度，解决了工件的可靠定位和稳定装夹问题，可使同一批工件的安装结果高度统一，使各工件间的加工条件差异性大为减小。夹具可以在保证加工精度的基础上极大地稳定整批工件的加工质量
扩大机床的功能	例如，在车床的床鞍上或摇臂钻床的工作台上装上镗模，就可以进行箱体或支架类零件的镗孔加工，用以代替镗床加工；在刨床上加装夹具后可代替拉床进行拉削加工
提高劳动生产率	使用夹具后，省去划线找正等辅助时间，有时还可采用高效率的多件、多位、机动夹紧装置缩短辅助时间，从而大大提高劳动生产率
降低生产成本	在批量生产中使用夹具时，由于劳动生产率的提高和允许技术等级较低的工人操作，可明显地降低生产成本，但在单件生产中，使用夹具的生产成本仍较高
改善工人的劳动条件	采用夹具可使工件装夹方便且快捷，减轻工人的劳动强度
降低对操作工人的技术等级要求	夹具的应用使得工件的装夹操作大为简化，也使一些生产技术并不熟练的技术工人有可能胜任原来只能由熟练技术工人才能完成的复杂工件的精确装夹工作，从而降低对操作工人的技术等级

二、工件的定位

通常，机械加工是通过刀具和工件之间的相对运动来完成的。为保证工件的加工要求，在加工工件之前，应首先保证其相对于刀具及刀具的切削成形运动处于正确的空间位置，即实现工件的定位。工件在夹具中的位置是通过工件表面（定位基准面）与夹具中定位元件的接触或配合来确定的。

1. 工件定位的方法

(1) 直接找正法 工件定位时用量具或仪表直接找正工件上某一表面，使工件处于正确的位置，称为直接找正装夹。这种装夹方式所需时间长，结果也不稳定，只适合于单件小批量生产。

(2) 划线找正法 这种方法是先按加工表面的要求在工件上划线，加工时在机床上按线找正以获得工件的正确位置。这种方法受划线精度的限制，定位精度较低，多用于批量较小、毛坯精度较低以及大型零件的粗加工中。

(3) 在夹具上定位 采用这种方法时多使用通用夹具和专用夹具。使用夹具时，工件在夹具中能迅速且正确地定位，无须找正就能保证工件与机床、刀具间的正确位置。这种方式生产率高、定位精度好，广泛用于成批生产和单件小批量生产的关键工序中。

模块一 数控加工基础知识

2. 工件定位的基本原理

为了正确理解工件的定位及其方法，必须掌握工件的自由度和六点定位原理。

工件加工通常要经历定位、夹紧、走刀的过程。工件定位的实质，就是要使工件在夹具中占据满足加工要求的某个正确位置。但是，在没有采取相应的定位措施时，工件在夹具中被夹紧时的空间位置是不确定的。这种不确定性的存在，就难以保证整批工件相对夹具占据同一空间位置，也就难以保证整批工件的加工质量。

通常采用自由度概念来描述工件空间位置的不确定性。自由度是指用来描述工件在某一预先设定的空间直角坐标系中定位时，其空间位置不确定程度的六个位置参数。为了便于分析说明，将工件（或物体）置于笛卡儿坐标系中来讨论，如图 1-67 所示。如不对工件在空间坐标轴中的位置加以限制，工件对于三个坐标轴来说，其空间位置有六个自由度，即六个方面的不确定性。工件空间位置的自由度见表 1-12。

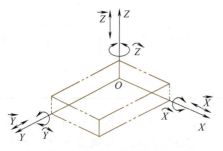

图 1-67 工件置于笛卡儿坐标系中

表 1-12 工件空间位置的自由度

名称	符号	含义	图例
移动自由度	$\vec{X}$	工件沿 X 轴方向移动位置的不确定性	
	$\vec{Y}$	工件沿 Y 轴方向移动位置的不确定性	
	$\vec{Z}$	工件沿 Z 轴方向移动位置的不确定性	
转动自由度	$\widehat{X}$	工件绕 X 轴方向转动位置的不确定性	
	$\widehat{Y}$	工件绕 Y 轴方向转动位置的不确定性	

(续)

名称	符号	含义	图例
转动自由度	$\widehat{Z}$	工件绕 Z 轴方向转动位置的不确定性	

显然，工件位置具有的自由度越少，工件空间位置的确定性越好。当工件的六个自由度都被限制时，它在空间的位置被完全确定下来，即具有位置唯一性。

一个在夹具中定位的工件，其空间位置具有六个自由度，即沿三个坐标轴的移动自由度和绕三个坐标轴的转动自由度。要消除这些自由度，就必须对工件设置相应的约束，即通过定位元件与工件表面的接触或配合来限制工件位置的移动和转动，使工件在夹具中占据符合加工要求的确定位置。

六点定位是指在工件的定位中，用空间合理分布的六个定位点来限制工件，使其获得一个完全确定的位置的方法。

三、工件的夹紧

由于在加工过程中工件受到切削力、重力、振动、离心力、惯性力等作用，因此还应采用一定的机构，使工件在加工过程中始终保持在原先确定的位置上，即夹紧。

工件定位后必须通过一定的机构产生夹紧力，把工件压紧在定位元件上，使其保持准确的定位位置，不会因切削力、工件重力、离心力或惯性力等的作用而产生位置变化和振动，以保证加工精度和操作安全。这种产生夹紧力的机构称为夹紧装置。

1. 夹紧装置应具备的基本要求

1）夹紧过程可靠，不改变工件定位后所占据的正确位置。

2）夹紧力的大小适当，既要保证工件在加工过程中其位置稳定不变、振动小，又要使工件不会因过大的夹紧力而产生变形。

3）操作简单方便、省力、安全。

4）结构性好。夹紧装置的结构力求简单、紧凑，便于制造和维修。

2. 定位与夹紧的关系

定位与夹紧的任务是不同的，两者不能互相取代。若认为工件被夹紧后，其位置就不变，因此限制了全部自由度，这种理解是错误的。图 1-68 所示为定位与夹紧的关系，工件在平面支撑 1 和两个长圆柱销 2 上定位，工件放在实线和虚线位置都可以夹紧，但是工件在 X 方向的位置不能确定，钻出的孔的位置也不确定（尺寸 A_1 和 A_2）。只有在 X 方向设置一个挡销时，才能保证钻出的孔在 X 方向获得确定的位置。若认为工件在挡销的反方向仍然有移动的可能性，因此位置不确定，这种理解也是错误的。定位时，必须使工件的定位基准紧贴在夹具的定位元件上，否则不称其为定位，而夹紧则使工件不离开定位元件。

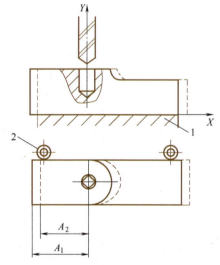

图 1-68 定位与夹紧的关系示意

项目实施

数控加工机床夹具基础的实施工作包括夹具选择、夹具设计和制造、夹具调整和校准、夹具使用和维护，以及夹具优化和改进。通过科学有效的实施工作，可以确保工件的稳定固定，提高加工精度和一致性，提高加工效率，降低生产成本。

项目评价

请扫描二维码对本项目进行评价。

数控机床夹具基础项目评价

数控机床常用夹具

项目拓展

请扫描二维码观看数控机床常用夹具视频。

项目延伸

1. 简述数控机械加工中常用夹具的分类、组成和作用。
2. 数控机械加工中常用的夹具有哪些？
3. 数控加工对夹具的要求有哪些？
4. 简述数控加工夹具的选择方案。
5. 简述工件定位和夹紧的关系。

项目五　数控编程基础

项目目标

1. 了解数控加工程序编制的过程及方法。
2. 了解数控机床的坐标系。
3. 了解数控程序的结构，掌握常用的代码（指令）含义。
4. 了解数控机床系统面板各按键的功能，会正确创建、输入、编辑文件和程序。
5. 了解数控仿真软件操作方法。

素养目标

通过学习数控程序结构、数控机床操作面板的组成、仿真软件的操作方法，学生对数控编程有了初步的认知，牢固掌握以上知识点，以树立良好的职业行为规范。

项目描述

掌握数控机床的坐标系是学会数控编程的最基本条件，要想学会数控编程，第一步要了解数控程序的结构。数控程序是由若干个程序段组成的，程序段又是由各种不同功能的指令组成，因此必须对指令有一定的了解。数控仿真软件不但提供了多种数控系统，涉及的机床不仅有数控车床，还有数控铣床和加工中心，而且提供了不同厂家的多种操作面板，模拟真实的数控机床的操作过程，以提高学习效率，帮助学生掌握数控编程及机床操作的方法。

项目链接

数控编程是数控加工准备阶段的主要内容之一，通常包括分析零件图样；确定加工工艺过程；数值计算；编写数控加工程序；制作控制介质或手工输入程序；程序校验。

一、分析零件图样

分析零件的材料、形状、尺寸、精度、批量、毛坯形状和热处理要求等，以便确定该零件是否适

二、确定加工工艺过程

通过零件图分析加工工艺，确定零件的加工方法（如采用的工夹具、装夹定位方法等）、加工路线（如对刀点、换刀点、进给路线）及切削用量（如主轴转速、进给速度和背吃刀量等）等工艺参数。数控加工工艺分析与处理是数控编程的前提和依据，制订数控加工工艺时，要合理地选择加工方案，确定加工顺序、加工路线、装夹方式、刀具及切削参数等；同时考虑所用数控机床的指令功能，充分发挥机床的效能；尽量缩短加工路线，正确地选择对刀点、换刀点，减少换刀次数，并使数值计算方便；合理选取起刀点、切入点和切入方式，保证切入过程平稳；避免刀具与非加工面发生干涉，保证加工过程安全可靠等。

三、数值计算

根据零件图上的几何尺寸、确定的加工工艺路线及设定的坐标系，计算零件粗、精加工时刀具运动的轨迹，得到刀位数据。对于形状比较简单的零件（如由直线和圆弧组成的零件），要计算出几何元素的起点、终点、圆弧的圆心、两几何元素的交点或切点的坐标值，如果数控装置无刀具补偿功能，还要计算刀具中心的运动轨迹坐标值；对于形状比较复杂的零件（如由非圆曲线和曲面组成的零件），要用直线段或圆弧段逼近，根据加工精度的要求计算出节点坐标值，这种数值计算一般要用计算机来完成。

四、编写数控加工程序

根据加工路线、切削用量、刀具号、刀具补偿值、机床辅助动作及刀具运动轨迹，按照数控系统使用的指令代码和程序段的格式编写零件加工的程序单，并校核上述两个步骤的内容，纠正其中的错误。

1. 数控加工程序的编制方式

数控加工程序的编制方式主要有两种：手工编程和自动编程。

（1）手工编程　手工编程主要由人工来完成数控编程中各个阶段的工作。其流程如图1-69所示。

一般对于几何形状不太复杂的零件，所需的加工程序不长，计算比较简单，用手工编程比较合适。但手工编程耗费时间较长，容易出现错误，无法胜任复杂形状零件的编程。

图1-69　手工编程的流程

（2）自动编程　自动编程即计算机自动编程，是利用计算机专用软件来编制数控加工程序。对于形状复杂的零件，特别是含有非圆曲线、列表曲线及曲面的零件，采用手工编程方式具有一定的难度，出错的概率增大，有时甚至无法编出程序，必须用自动编程的方法编制程序。编程人员只需根据零件图样的要求，使用数控编程语言，由计算机自动地进行数值计算及后置处理，编写出零件加工程序单，加工程序通过直接通信的方式送入数控机床，指挥机床工作。国内使用较多的自动编程软件主要是MasterCAM、Creo、UG等。

自动编程使得一些计算烦琐、手工编程困难或无法编出的程序能够顺利地完成，适用于复杂零件的程序编制，可提高编程效率。

2. 数控机床的坐标系和原点设定

（1）机床坐标系　为了确定机床各运动部件的运动方向和移动距离，需要在机床上建立一个坐标系，这个坐标系称为机床坐标系。

1）机床坐标轴及其方向。数控机床的运动轴分为平动轴和转动轴。数控机床各轴的运动，有的是使刀具产生运动，有的是使工件产生运动。不论机床的具体运动结果如何，机床的运动都统一按工件静止而刀具相对于工件运动来描述，并以笛卡儿坐标系表达，如图1-70a所示，坐标轴用X、Y、Z表示，用来描述机床的主要平动轴，称为基本坐标轴。若机床有转动轴，则绕X、Y、Z轴转动的轴分别

用 A、B、C 表示，其正向按右手螺旋定则确定，如图 1-70b 所示。

2）坐标轴方向的确定。

① Z 轴。将机床主轴沿其轴线方向运动的平动轴定义为 Z 轴。所谓主轴是指产生切削动力的轴，如铣床、钻床、镗床上的刀具旋转轴和车床上的工件旋转轴。如果主轴能够摆动，即主轴轴线方向是变化的，则以主轴轴线垂直于机床工作台装卡面时的状态来定义 Z 轴。

Z 轴的方向规定以增大刀具与工件间距离的方向为 Z 轴的正方向。

② X 轴。将在垂直于 Z 轴的平面内的一个主要平动轴指定为 X 轴，它一般位于与工件安装面相平行的水平面内。

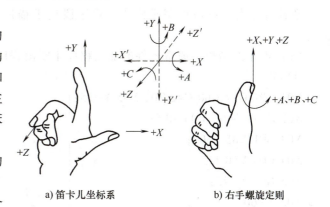

a) 笛卡儿坐标系　　b) 右手螺旋定则

图 1-70　机床坐标系

对于不同类型的机床，X 轴及其方向有具体的规定。例如，对于铣床、钻床等刀具旋转的机床，若 Z 轴是水平的，则 X 轴规定为从刀具向工件方向看时沿左右运动的轴，且向右为正。若 Z 轴是垂直的，则 X 轴规定为从刀具向立柱（若有两个立柱则选左侧立柱）方向看时沿左右运动的轴，且向右为正。

③ Y 轴。Y 轴及其方向则是根据 X 轴和 Z 轴按笛卡儿坐标系确定。

3）机床原点的设置。机床原点是指在机床上设置的一个固定点，即机床坐标系的原点。它在机床装配、调试时就已确定下来，是数控机床进行加工运动的基准参考点。对某一具体的机床来说，机床原点是固定的，是机床制造商设置在机床上的一个物理位置。

4）机床参考点。机床参考点是用于对机床工作台、滑板以及刀具相对运动的测量系统进行定标和控制的点，也称机床零点。

参考点相对于机床原点是一个固定值。它是在加工之前和加工之后，用控制面板上的"回零"按钮使移动部件移动到机床坐标系中的一个固定不变的极限点。

数控机床在工作时，移动部件必须首先返回参考点，也有数控机床不需要回参考点，但这个参考点还是存在的（当前位置被编码器记忆），将测量系统置零之后，测量系统即可以参考点作为基准，随时测量运动部件的位置。机床参考点的位置是由机床制造企业在每个进给轴上用限位开关精确调整好的，坐标值已输入数控系统中，因此参考点对机床原点的坐标是一个已知数。

（2）工件坐标系　工件坐标系是用于确定工件几何图形上各几何要素的位置而建立的坐标系。

1）工件原点。工件坐标系的原点就是工件原点。工件原点选在工件图样的尺寸基准上，这样可以直接用图样标注的尺寸作为编程点的坐标值，以减少计算工作量并便于工件的装卡、测量和检验。工件原点尽量选择尺寸精度较高、表面粗糙度值比较低的工件表面上，以提高加工精度和保持同一批工件尺寸的一致性。对于形状对称的几何工件，其工件原点最好选择对称中心。

2）程序原点。程序原点也称编程原点或程序零点，是为了编程方便，在图样上选择一个的适当位置。

对于形状简单的工件，工件原点就是程序原点，这时的编程坐标系就是工件坐标系。对于形状复杂的工件，需要编制几个程序或子程序，为了编程方便和减少坐标值的计算，不一定将程序原点设在工件原点上，可设在便于编制程序的位置。

程序原点一般用 G92 或 G54~G59（对于数控镗床、铣床）和 G50（对于数控车床）指令指定。

（3）原点偏移　机床参考点和机床原点之间的偏移量存放在机床常数中。工件在机床上固定后，程序原点与机床参考点的偏移量必须通过测量确定。机床的原点偏移，实质上是机床参考点向编程人员定义在工件上的程序原点的偏移。

现代数控系统一般都配有工件测量头，在手动操作下能准确地测量该偏移量，存在 G54~G59 原点偏移寄存器中，供数控系统原点偏移计算用。没有工件测量头的情况下，程序原点位置需要以对刀的方式来实现。

3. 数控程序格式

数控程序由一系列程序段构成。程序段用于描述准备功能、刀具坐标位置、工艺参数和辅助功能等。

（1）程序的结构　通常零件的加工程序主要由程序名、若干程序段及程序结束符组成。例如：

```
O2000；                              程序名
N01 G91 G17 G00 G42 T01 X85 Y-25；
N02 Z-15 S400 M03 M08；
N03 G01 X85 F300；
N04 G03 Y50 I25；
N05 G01 X-75；                       程序段
N06 Y-60；
N07 G00 Z15 M05 M09；
N08 G40 X75 Y35 M02；
……
N80 M30；
%                                    程序结束符
```

程序名是该加工程序的标识。程序段是一个完整的加工工步单元，它以N（程序段号）指令开头，以程序结束指令或结束符结尾，M02或M30常作为整个程序结束的指令。有些数控系统还规定了一个特定的程序开头和结束的符号，如%、EM等。

由上述程序可知，加工程序是由程序名和若干程序段有序组成的指令集。程序段是由若干指令字组成的。指令字是由字母（地址符）和其后所带的数字一起组成的，也有部分功能指令是由单词或语句构成。

（2）程序段的格式　程序段的格式是指一个程序段中指令字的排列顺序和书写规则，不同的数控系统往往有不同的程序段格式，格式若不符合规定，数控系统就不能执行指令。

目前广泛采用的是地址符可变程序段格式（或称字地址程序段格式）如下：

格式：N_　G_ X_ Y_ Z_ F_ S_ T_ M_ LF

这种格式的特点是程序段中的每个指令字均以字母（地址码或代码）开始，其后再跟符号和数字。指令字在程序段中的顺序没有严格的规定，即可以任意顺序的书写。不需要的指令字或与上段相同的续效代码可以省略不写。因此，这种格式具有程序简单、可读性强，易于检查等优点。常用地址码的含义见表1-13。

表1-13　常用地址码的含义

功能	地址码（代码）	意义
程序号	O	程序号
顺序号	N	顺序号
准备功能	G	机床动作方式指令
坐标地址	X、Y、Z	坐标轴移动指令
	A、B、C、U、V、W	附加轴移动指令
	R	圆弧半径
	I、J、K	圆心坐标
进给功能	F	进给速度指令
主轴功能	S	主轴转速指令
刀具功能	T	刀具编号指令

(续)

功能	地址码(代码)	意义
辅助功能	M	接通、断开、启动、停止指令
	B	工作台分度指令
补偿	H、D	刀具补偿指令
暂停	P、X	暂停时间指令
子程序调用	CALL	子程序号指令
重复	I	固定循环重复次数
参数	P、Q、R	固定循环参数

4. 数控程序常用指令代码

(1) G 指令——准备功能指令 它由地址码 G 后带二位数字组成,从 G00~G99 共 100 种,是使数控机床准备好某种运动方式的指令,分为模态指令和非模态指令。

1) 模态指令在程序中一经被应用,直到出现同组其他任一 G 指令时才失效,否则该指令继续有效。

2) 非模态指令只在本程序段中有效。

FANUC-0i 系统常用准备功能指令及功能见表 1-14。

表 1-14 FANUC-0i 系统常用准备功能指令及功能

G 指令	功能	G 指令	功能
G00 *	定位(快速移动)	G50	主轴最高转速限制(坐标系设定)
G01	直线切削	G52	设置局部坐标系
G02	圆弧插补 CW(沿顺时针方向)	G53	选择机床坐标系
G03	圆弧插补 CCW(沿逆时针方向)	G54 *	选择工件坐标系 1
G04	暂停	G55	选择工件坐标系 2
G20	寸制输入	G56	选择工件坐标系 3
G21	米制输入	G57	选择工件坐标系 4
G27	检查参考点返回	G58	选择工件坐标系 5
G28	返回参考点	G59	选择工件坐标系 6
G32	螺纹切削	G96	恒线速度控制
G40 *	取消刀尖圆弧半径补偿	G97 *	取消恒线速度控制
G41	刀尖圆弧半径补偿(左侧)	G98	指定每分钟移动量
G42	刀尖圆弧半径补偿(右侧)	G99 *	指定每转移动量

注: * 表示在开机时会初始化的代码。

(2) M 指令——辅助功能指令 它由地址码 M 后带二位数字组成,用于控制数控机床开关量,如主轴正转与反转、切削液的开启与关闭、工件的夹紧与松开等。FANUC-0i 系统常用辅助功能 M 指令及功能见表 1-15。

表 1-15 FANUC-0i 系统常用辅助功能 M 指令及功能

M 指令	功能	M 指令	功能
M00	程序暂停	M05	主轴停转
M01	选择停止	M09	关闭切削液
M02	主程序结束	M30	程序结束
M03	主轴正转	M98	调用子程序
M04	主轴反转	M99	子程序结束,返回主程序

需要注意的是，在编程时，M 指令中前面的 0 可省略，如 M00、M03 可简写为 M0、M3。

1）M00、M01 和 G04 的区别与联系。三个指令的功能均为暂停。M00 为程序无条件暂停指令。程序执行到此处后进给停止、主轴停转，直至再次按下 START 键才能启动程序。M01 为程序选择性暂停指令，程序执行前必须按下控制面板上 OP STOP 键才能执行，执行后的效果与 M00 相同，如不打开控制面板上的 OP STOP 键，则是无效指令，要重新启动程序同 M00。G04 是有时间规定的暂停指令，规定时间到后程序会自动继续运行。M00 和 M01 指令常用于加工中暂停检验工件的尺寸或排屑时使用。

2）M02 和 M30 的区别与联系。两者均为程序结束指令。执行 M02 指令，进给停止，主轴停转，切削液关闭，但程序光标停在程序末尾，再次执行程序时，须手动将光标移动至程序开头或按复位键。M30 也为主程序结束指令，功能同 M02，不同之处在于执行 M30 指令后光标会返回至程序头位置，不论 M30 指令后是否有其他程序段。

（3）F 指令——进给功能指令　它用于控制切削进给量，为续效代码，一般直接指定，即地址码 F 后跟的数值就是进给速度的大小。在程序中，F 指令有两种使用方法。

1）每转进给量（G99）。系统开机状态为 G99 状态，只有输入 G98 指令后，G99 指令才被取消。在含有 G99 指令的程序段后遇到 F 指令时，则认为地址码 F 后面的数值即所指定的进给速度的单位为 mm/r。

2）每分钟进给量（G98）。在含有 G98 指令的程序段后遇到 F 指令时，则认为地址码 F 后面的数值即所指定的进给速度的单位为 mm/min。G98 指令被执行一次后，系统将保持 G98 指令状态，直到被 G99 指令取消为止。

（4）S 指令——主轴速度功能指令　S 代码后的数值为主轴转速或速度，要求为整数，单位为 r/min 或 m/min。在加工工件之前一定要启动主轴（M03 或 M04）。

1）恒线速度控制（G96）。G96 指令是恒速切削控制有效指令。系统执行 G96 指令后，地址码 S 后面的数值表示切削速度。例如，G96 S100 表示切削速度是 100m/min。

2）主轴转速控制（G97）。G97 指令是取消恒速切削控制指令。系统执行 G97 指令后，地址码 S 后面的数值表示主轴每分钟的转数。例如，G97 S800 表示主轴转速为 800r/min。系统开机状态为 G97 状态。

3）主轴最高速度限定（G50）。G50 指令除具有坐标系设定功能外，还有主轴最高转速设定功能，即用地址码 S 后面的数值设定主轴每分钟的最高转速。例如，G50 S2000 表示主轴转速最高为 2000r/min。

用恒线速度控制加工端面、锥度和圆弧时，由于 X 坐标值不断变化，当刀具逐渐接近工件的旋转中心时，主轴转速会越来越快，工件有从卡盘飞出的危险，因此为防止事故的发生，有时必须限定主轴的最高转速。

（5）T 指令——刀具功能指令　T 指令用于在刀具库中选择指定的刀具。

在 FANUC-0i 系列数控系统中，采用"T2+2"的形式编制刀具号和刀具补偿号。例如，T0101 表示采用 1 号刀具和 1 号刀补。在 SIEMENS 系统中，由于同一把刀具有许多个刀补，因此可采用如 T1D1、T1D2、T2D1、T2D2 等，但在 FANUC-0i 系统中，由于刀补存储是公用的，因此往往采用如 T0101、T0202、T0303 等。

为了避免编程人员遗漏部分指令，数控系统在每一组的指令中都选取其中的一个作为开机默认指令。该指令在开机或系统复位时可以自动生效，因而在程序中允许不再编写。常见的开机默认指令有 G01、G18、G40、G54、G99、G97 等指令。

五、制作控制介质或手动输入程序

通常把编制好的程序内容通过手工输入的方式或记录在控制介质上（如磁盘、U 盘、各类卡接口、计算机等）作为数控装置的输入信息，通过通信传输方式送入数控系统。

1. FANUC 系列数控系统控制面板（CRT/MDI 单元）

通过手动方式录入程序时，需要了解数控系统控制面板上各按键的功能。现以 FANUC-0i 系列数控系统控制面板按键为例进行说明，如图 1-71 所示。

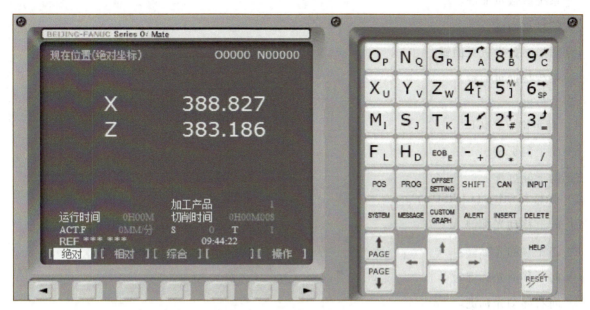

图 1-71　FANUC-0i 系列数控系统 CRT/MDI 单元

（1）CRT 显示屏　CRT 显示屏一般分为三个部分：顶端一行主要显示当前的显示内容名称和当前的程序名；底部一行主要显示与软键相对应的功能名称；中间部分主要是当前显示的具体内容。

所谓软键，是指功能不确定的按键，它的功能由按相对应的显示屏下方的提示功能决定。FANUC 数控系统提供了五个软键，软键功能采用了分级分层管理的办法，即按一个软键之后会出现本功能的下一级的多个功能，同级之间也可能超也五个功能，为了便于管理，在五个软键的前后各有一个功能。

▶ 表示在同一级功能键之间进行切换，◀ 表示回到上一级功能菜单。

（2）MDI 键盘　在 MDI 键盘上有数字/地址键、编辑键、页面切换键、翻页键、光标移动键。

1）数字/地址键。数字/地址键用于手动输入数据到输入区，如图 1-72 所示。地址码和数字的输入通过 SHIFT 键 ᴿᴴᴵᶠᵀ 进行切换，如：O/P 切换，7/A 切换。

图 1-72　数控系统数字/地址键

2）编辑键。它是编辑程序的功能按键。

ᴬᴸᵀᴱᴿ 替换键：用输入的数据替换光标所在的数据。

ᴰᴱᴸᵀᴱ 删除键：删除光标所在的数据，或者删除一个程序，或者删除全部程序。

ᴵᴺˢᴱᴿᵀ 插入键：把输入区之中的数据插入到当前光标后的位置。

ᶜᴬᴺ 取消键：消除输入区内的数据。

ᴱᴼᴮ 回车/换行键：结束一行程序的输入并且换行，屏幕显示为"；"。

ᴵᴺᴾᵁᵀ 输入键：把输入区内的数据输入参数页面。

ˢᴴᴵᶠᵀ 上档键：也称第二功能键。

3）页面切换键。

ᴾᴿᴼᴳ 程序显示与编辑页面键。

ᴾᴼˢ 位置显示页面键：位置显示有三种方式，用翻页按键选择。

[OFSET SET] 参数输入页面键：按第一次进入坐标系设置页面，按第二次进入刀具补偿参数页面。进入不同的页面以后，用翻页按键切换。

[SYSTM] 系统参数页面键。

[MESGE] 信息页面键。

[CUSTM GRAPH] 图形参数设置页面键。

[HELP] 系统帮助页面键。

[RESET] 复位键。

4）翻页键（PAGE）。

[PAGE↑] 向上翻页键。

[PAGE↓] 向下翻页键。

5）光标移动键（CURSOR）。

[↑] 向上移动光标键。

[←] 向左移动光标键。

[↓] 向下移动光标键。

[→] 向右移动光标键。

2. 数控程序的管理与编辑

（1）选择一个数控程序 将模式选择 MODE 键置于 EDIT 档或 AUTO 档，在 MDI 键盘上按 [PROG] 键，进入编辑页面，按 [O7] 键输入地址码"O"；按数字键输入搜索的号码 XXXX，搜索号码为数控程序目录中显示的程序号；按 [↓] 键开始搜索。找到后，OXXXX 显示在屏幕右上角程序号位置，数控程序显示在 CRT 显示屏上。

（2）删除一个数控程序 将模式选择 MODE 键置于 EDIT 档，在 MDI 键盘上按 [PROG] 键，进入编辑页面；按 [O7] 键，输入地址码"O"；按数字键，输入要删除的程序的号码 XXXX；按 [DELET] 键，程序即被删除。

（3）新建一个数控程序 将模式选择 MODE 键置于 EDIT 档，在 MDI 键盘上按 [PROG] 键，进入编辑页面；按 [O7] 键，输入地址码"O"；按数字键，输入程序号。按 [INSRT] 键，若所输入的程序号已存在，将此程序设置为当前程序，否则新建此程序。

需要注意的是，MDI 键盘上的数字/地址键，第一次按下时输入的是地址码，后面再按下时均为数字。若要再次输入地址码，必须先将输入域中已有的内容显示在 CRT 显示屏上（按 [INSRT] 键可将输入域中的内容显示在 CRT 显示屏上）。

（4）删除全部数控程序 将模式选择 MODE 键置于 EDIT 档，在 MDI 键盘上按 [PROG] 键，进入编辑页面，按 [O7] 键，输入地址码"O"；按 [M] 键，输入"-"；按 [9] 键，输入"9999"；按 [DELET] 键。

（5）编辑一个数控程序 将模式选择 MODE 键置于 EDIT 档，在 MDI 键盘上按 [PROG] 键，进入编辑页面，选定了一个数控程序后，此程序显示在 CRT 显示屏上，可对数控程序进行编辑操作。

1）移动光标。按向下翻页 [PAGE↓] 键或向上翻页 [PAGE↑] 键，按向下移动光标 [↓] 键或向上移动光标 [↑] 键。

2）插入字符。先将光标移到所需位置，按 MDI 键盘上的数字/地址码键，将代码输入到输入区中，按 [INSRT] 键，把输入区的内容插入到光标所在代码后面。

3）删除输入区中的数据。按 [CAN] 键可删除输入区中的数据。

4）删除字符。先将光标移到所需删除字符的位置，按 [DELET] 键，删除光标所在位置的代码。

5）查找。输入需要搜索的地址码或代码；按 CURSOR ↓ 键开始在当前数控程序中光标所在位置后搜索。代码可以是一个地址码或一个完整的代码，如"N0010""M"等。如果此数控程序中有所搜索的代码，则光标停留在找到的代码处；如果此数控程序中没有所搜索的代码，则光标停留在原处。

6）替换。先将光标移到所需替换字符的位置，将替换字符通过 MDI 键盘输入到输入区中，按 ALTER 键，将输入区的内容替代到光标所在的位置。

六、程序校验

初次编写的程序必须经过校验才能正式使用。在有 CRT 显示屏的数控机床上，用模拟刀具与工件切削过程的方法进行检验更为方便，但这些方法只能检验运动是否正确，不能检验被加工零件的加工精度。校验的方法是通过启动数控系统里的程序，在机床被锁住的情况下让机床空运转，以检查机床的运动轨迹是否正确。在机床上校验程序，必须熟悉机床操作面板上各按键的功能，才能按步骤进行程序的校验。

1. 机床操作面板各按键的功能

一般情况下，机床操作面板位于窗口的右下侧。不同的机床生产厂家设计的机床操作面板虽然不同，但功能并没有太多的出入。下面以图 1-73 所示的 FANUC-0i mate 系列机床操作面板为例进行介绍。

图 1-73 FANUC-0i mate 系列机床操作面板

机床操作面板主要用于控制机床运行状态，由模式选择按键、主轴控制按键、运行控制按键、手动移动机床按键等组成。

（1）模式选择按键

EDIT 键：编辑方式，在此方式下可进行程序的创建、修改、删除、编辑等操作。

MDI 键：手动数据输入方式，即手动输入，手动执行程序。执行完的程序并不保存在内存里。

AUTO 键：自动加工方式，在此方式下能自动执行程序。

JOG 键：手动方式，在此方式下可手动操纵机床，如进行换刀、移动刀架等操作。

HND 键：手轮模式，在此方式下可通过手轮移动刀架。

REF 键：回参考点方式，仅在此方式下可使机床返回参考点。

（2）机床主轴手动控制按键

手动正转主轴键。

⟲ 手动反转主轴键。

● 手动停止主轴键。

⊙ 手动点动键：按下该键主轴转动，松开该键主轴停转。

⊕ 手动加速主轴键。

⊖ 手动减速主轴键。

（3）手动移动机床按键

↑ ← → ↓ 方向键：用于手动方式下移动刀架。

键：机床在回参考点后指示灯会亮，提示已回到参考点。

快速按键：此键被按下后，手动移动刀架的速度相当于G00的速度。

F1 F2 备用键。

（4）手轮方式下方向与倍率选择按键

键：用于手脉方式下刀架移动方向的选择。一般先选择方向，再移动刀架。

倍率选择按键：键面上一排数字是用来控制手脉方式下刀架的移动速度，即手脉每摇一格刀架移动的距离分别为0.001mm、0.01mm、0.1mm、1mm；键面下的一行数字表示在手动方式时，快速移动刀架的情况下刀架的实际移动速度分别为G00的1%、25%、50%、100%。

（5）运行控制按钮

紧急停止按钮：在特殊情况下按下此按钮，机床断电进行自我保护。

数控系统断电按钮。

数控系统上电按钮。

循环起动按钮：在AUTO或MDI方式下按此按钮，机床自动运行程序。

进给保持按钮：在程序自动运行的过程中，可随时让机床停止运行，保持现有状态。

进给率（F）调节旋钮：调节程序运行中的进给速度，调节范围为0%~150%。

手轮（手摇脉冲发生器）：在模拟系统中，把光标置于手轮上，按住鼠标左键，沿顺时针方向转动手轮，相应轴往正方向移动；沿逆时针方向转动手轮，相应轴往负方向移动。

机床锁键：按下此键后，机床两轴向进给将不能执行，刀架不能移动，但不影响其他程序运行，如刀架换刀、主轴旋转等。

空运行键：按下此键后，各轴以固定的速度（G00）运动。

程序段跳步键：在AUTO方式下按此键，跳过程序段开头带有"/"程序。

单段键：按下此键后，每按一次程序启动键依次执行当前程序的一条指令。

选择停键：此键激活后，在AUTO方式下，遇有M00指令，程序停止。

程序锁键：一旦锁定，程序就不能被编辑。

（6）机床部件控制开关

机床上气开关键：按下此键后，机床各需气部件气压到位。没有用到气压的机床此键无效。

气压尾座套筒进、退：按下此键后，尾座套筒在气压的作用下会自动伸出，关闭后尾座套筒会自动缩回。无气压尾座套筒功能的机床此键无效。

模块一　数控加工基础知识

卡盘自动夹紧、松开键：无气动卡盘功能的机床此键无效。

切削液开关：在 MDI 方式下按此键，切削液开；再按一下，切削液关。

超程解除键：当机床某轴超程后，先按住此键，再向反方向手动移动机床，解除超程。有些机床为了减少麻烦，将此键功能屏蔽，超程后直接反向移动即可。

换刀键：在 MDI 方式下按此键，刀架变换位置到当前刀具的下一个刀位。

：此屏显示内容分两部分，前面的数字表示机床当前的主轴档位号，一般显示为数字"3"，表示高速档；后面的数字表示当前的刀位号。

2. 程序的校验

程序输入结束后，为了检验程序的正确性，需要对程序进行仿真模拟加工，发现问题及时改正，达到调试与优化程序的目的。具体仿真模拟加工的步骤如下：

1）在 EDIT 方式下，将程序的光标移动至程序的开头，或者按复位键 。

2）选择 AUTO 方式即按 AUTO 键 。

3）按机床操作面板上的空运行键 和机床锁键 ，使其处于打开状态。

4）按系统控制面板上的图形参数设置页面键 ，再按"参数"软键，在页面上调整好图形参数，按"图形"软键，CRT 显示屏上会显示一个带有平面直角坐标系的页面。

5）按机床面板上的循环起动按钮 ，自动运行程序。这时 CRT 显示屏上会有刀具刀尖点移动的轨迹，观察轨迹来验证程序的正确性，程序如有错误会出现报警。

6）改正错误后，按复位键 消除报警。

七、数控仿真技术

数控仿真是应用计算机技术对数控加工操作过程进行模拟仿真的一门技术。该技术面向实际生产过程的机床仿真操作，加工过程以三维动态方式再现，能使学生对数控加工建立感性认识，可以反复动手进行数控加工操作，并有效解决了因数控设备昂贵和有一定危险性，很难做到"一人一机"的问题，在培养全面熟练掌握数控加工技术的实用型技能人才方面发挥显著作用。

数控仿真是以计算机为平台在数控仿真加工软件的支持下进行的。随着科学技术的不断进步和数控加工需求的不断上升，数控仿真软件数量众多，国内的仿真软件主要有北京斐克 VNUC、南京宇航 Yhcnc、南京斯沃 SSCNC、上海宇龙等。国外主要有德国凯勒软件有限公司开发的 SYMPlus CNC、英国 Delcam Plc 公司出品的 PowerMILL 等。这些软件一般都具有数控加工过程的三维显示和模拟真实机床的仿真操作等功能。

项目实施

通过学习数控机床的坐标系、程序的结构、数控机床系统面板各按键的功能，正确创建、输入、编辑文件和程序。学生根据参考程序，学会利用数控仿真软件进行以下操作：开机→回参考点→新建程序→输入程序→编辑程序→输入一个完整的加工程序。在项目实施过程中提升学生的学习能力和综合运用能力。

项目评价

请扫描二维码对本项目进行评价。

数控编程
基础项目评价

数控车床仿真软件操作——程序的录入与校验（轴类零件，斯沃仿真软件）

 项目拓展

请扫描二维码观看数控车床仿真软件操作——程序的录入与校验视频。

 项目延伸

1. 数控加工程序由哪些部分组成？数控系统功能指令有哪些？
2. 什么是工件坐标系？如何确定数控车床的工件坐标系原点？
3. 简述手工编程的流程。
4. 简述数控编程的程序格式。
5. 简述工件原点的一般选用原则。
6. 数控机床启动后为什么要有回参考点的操作？

项目六　数控机床维护保养

 项目目标

1. 了解数控机床维护保养的基本要求。
2. 掌握数控机床日常维护保养的方法。
3. 掌握数控机床安全操作规程。

 素养目标

通过学习数控机床维护保养知识，提升思想道德和职业道德，提高责任感、纪律意识，以及保护机床设备和环境的意识，培养团队合作和互助精神。

 项目描述

数控机床作为现代制造业中的重要设备，具有高精度、高效率的加工能力，广泛应用于各个行业。然而，随着机床的长时间运行和使用，机床的性能和精度会逐渐下降，甚至出现故障。因此，学习数控机床维护保养知识对于保证机床的正常运行，延长机床的使用寿命，提高加工质量和效率，保障操作人员的安全具有重要意义。对于从事数控机床操作和维护的人员，掌握数控机床维护保养的知识和技能是必不可少的。只有保持机床的良好状态，才能充分发挥机床的潜力，提高生产率和竞争力。

 项目链接

数控机床是一种综合应用了计算机技术、自动控制技术、自动检测技术和精密机械设计和制造等先进技术的产物，是典型的机电一体化产品。在企业生产中，数控机床能否达到加工精度高、产品质量稳定、生产率高的目标，不仅取决于机床本身的精度和性能，很大程度上也与操作人员在生产中能否正确地对数控机床进行维护保养和正确使用密切相关。只有坚持做好机床的日常维护保养工作，才可以延长元器件的使用寿命和机械部件的磨损周期，防止意外事故的发生，使机床长时间稳定工作，并充分发挥数控机床的加工优势和性能。

一、数控机床维护保养的基本要求

1. 对操作人员的要求

操作人员必须有较强的责任心，在思想上要高度重视数控机床维护保养工作。不能只注重技术操作，而忽视对数控机床的日常维护保养。

2. 对使用环境的要求

1) 要避免阳光的直接照射和其他热辐射，要避免在过于潮湿、有很多粉尘或腐蚀性气体过多的场所内使用数控机床。

2) 要远离振动大的设备，如冲压机、锻压设备等。

3) 在有空调的环境中使用，会明显地减小机床的故障率。

3. 对电源的要求

对于电源应保持稳压，一般允许电压波动范围为±10%。因此，针对我国的实际供电情况，有条件的企业多采用专线供电或增设稳压装置来减小供电质量的影响和减少电器干扰。

二、数控机床定期维护和检查

数控机床定期维护和检查的内容见表 1-16。

表 1-16 数控机床定期维护和检查的内容

检查周期	检查部位	检查要求
每天	导轨润滑站	检查油标、油量，及时添加润滑油，润滑油泵能定时启动及停止
	X、Y、Z 轴及各回转轴导轨	清除切屑及污物，检查润滑油是否充足，导轨面有无划伤或损坏
	压缩空气气源	检查气动控制系统压力，应在正常范围内
	机床进气口的空气干燥器	自动空气干燥器应工作正常，并及时清理分水器中滤出的水分
	主轴润滑恒温油箱	检查油标高度，不够时及时补油
	机床液压系统	油箱、液压泵无异常噪声，压力表指示正常，管路及各接头无泄漏，油面高度正常
	主轴箱液压平衡系统	平衡压力指示正常，快速移动时平衡系统工作正常
	数控系统的输入/输出单元	光电阅读机清洁、机械结构润滑良好
	电气柜通风散热装置	电气柜冷却风扇工作正常，风道过滤网无堵塞
	各种防护装置	导轨、机床防护罩等无松动、无漏水
一周	电气柜进气过滤网	电气柜进气过滤网无堵塞
半年	滚珠丝杠螺母副	润滑应良好，需清洗丝杠上的旧润滑脂，涂上新润滑脂
	液压油路	检查溢流阀、减压阀、过滤器、油箱无脏堵，液压油洁净
	主轴润滑恒温油路	油路应畅通，需清洗过滤器，更换润滑脂
一年	直流伺服电动机电刷	检查换向器表面，应无碳粉和毛刺，检查电刷长度，过短的电刷应更换，并在跑合后才能使用
	润滑油泵、过滤器等	应无堵塞，需清洗油池，更换过滤器
不定期	导轨上镶条、压紧滚轮、丝杠	按机床说明书调整
	切削液箱	检查液面高度，切削液过于浑浊时需要更换，清洗切削液箱，经常清洗过滤器
	排屑器	经常清理切屑，检查有无卡住现象
	滤油池	检查滤油池，及时清除滤油池中的旧油，无外溢
	主轴驱动带松紧度	按机床说明书调整

三、数控机床的安全操作规程及 7S 活动

1. 数控机床管理的规章制度

除了对数控机床的日常维护，还必须制定并且严格执行数控机床管理的规章制度。数控机床管理的规章制度主要包括：定人、定岗和定责任的"三定"制度，定期检查制度，规范的交接班制度等。

2. 数控机床的安全操作规程

数控机床的操作一定要规范，以避免发生人身、设备等的安全事故。数控机床的安全操作规程

如下：

(1) 操作前的安全操作规程

1）机床通电前，检查各开关、按钮和按键是否正常、灵活，机床有无异常现象。

2）通电后，检查电压、油压、气压是否正常，有手动润滑的部位先要进行手动润滑。

3）零件加工前，一定要先检查机床能否正常运行，可以通过试车的办法来进行。

4）在操作机床前，请仔细检查输入的数据，以免引起误操作。

5）确保指定的进给速度与操作所要的进给速度相适应。

6）当使用刀具补偿时，请仔细检查补偿方向与补偿量。

7）CNC 与 PMC 参数都是机床厂设置的，通常不需要修改。如果必须修改参数，在修改前应对参数有深入全面的了解。

8）机床通电后，在数控装置尚未出现位置显示或报警页面前，不要碰 MDI 键盘上的任何键。因为 MDI 键盘上的有些键专门用于维护和特殊操作，在开机的同时按下这些按键，可能使机床产生数据丢失等误操作。

(2) 操作过程中的安全操作规程

1）手动操作。当手动操作机床时，要确定刀具和工件的当前位置并确保已指定运动轴、方向和进给速度。

2）手动回参考点。机床通电后，必须先执行手动回参考点操作。

3）手轮进给。使用手轮进给时一定要选择正确的进给倍率，过大的进给倍率容易导致刀具或机床的损坏。

4）确定工件坐标系。手动干预、机床锁住或镜像操作都可能移动工件坐标系，用程序控制机床前，应先确认工件坐标系。

5）空运行。通常使用机床空运行来确认机床运行的正确性。在空运行期间，机床以空运行的进给速度运行，这与程序输入的进给速度不一样，而且空运行的进给速度要比编程用的进给速度快得多。

6）自动运行。机床在自动执行程序时，操作人员不得离开工作岗位，要密切注意机床和刀具的工作状况，根据实际加工情况调整加工参数。一旦发生意外情况，应立即停止机床动作。

(3) 与编程相关的安全操作规程

1）坐标系的设定。如果没有设置正确的坐标系，尽管指令是正确的，机床也不按所要求的动作运动。

2）米制/寸制的转换。在编程过程中，一定要注意米制/寸制的转换，使用的单位制式一定要与机床当前使用的单位制式相同。

3）旋转轴的功能。当编制极坐标插补程序时，应注意旋转轴的转速。旋转轴转速如果过高，工件会因离心力过大而甩出，引起事故。

4）刀具补偿功能。在补偿功能模式下，发出基于机床坐标系的运动指令或回参考点指令，补偿就会暂时取消，这可能会导致机床运动不可控。

(4) 操作完成后的规程

1）确认工件已加工完毕。

2）确认机床的全部运动均已完成。

3）检查工作台面是否远离行程开关。

4）检查刀具是否已取下，主轴锥孔内是否已清洁并涂上油脂。

5）检查工作台面是否已清洁。

6）关机时要求先关闭系统电源，再关闭机床电源。

3. 数控机床操作的 7S 活动

7S 活动是企业或学校实训车间各项管理的基础活动，它有助于消除企业或学校实训车间在生产过程中可能面临的各类不良现象。7S 活动在推行过程中，通过开展整理、整顿、清扫等基本活动，使之成为制度性的清洁，最终提高员工或学生的职业素养。7S 活动是环境与行为的管理，它能有效解决工作场所凌乱、无序的问题，有效提升个人行动能力与素质、工作效率和团队业绩，有效改善文件、资料、档案的管理状况，使工序简洁化、人性化、标准化。7S 活动的具体含义和实施重点如下：

(1) 整理（Sort） 区分要用与不要用的物资，把不要的清理掉。

(2) 整顿（Straighten） 要用的物资依规定定位、定量摆放整齐，标明类别。

(3) 清扫（Sweep） 清除职场现场内的脏污、垃圾和杂物，并防止污染的发生。

(4) 清洁（Sanitary） 将前 3S 的做法制度化、规范化，并维持良好成果。

(5) 素养（Sentiment） 人人依规定行事、养成好习惯。

(6) 安全（Safety） 人人都为自身的言行负责，并排除一切不良隐患。

(7) 节约（Save） 对时间、空间、原料等方面合理利用，以企业主人的心态发挥它们的最大效能。

项目实施

根据机床的使用情况和生产计划，制订出合理的维护保养周期和内容，应包括机床的各项维护保养任务、责任人、时间安排等信息。以小组为单位进行日常维护保养工作，即清洁、润滑、检查、校准；每日进行维护保养记录和反馈，即在维护保养过程中及时记录维护保养的内容、时间和结果。

项目评价

请扫描二维码对本项目进行评价。

数控机床维护保养项目评价

数控机床日常维护保养

项目拓展

请扫描二维码观看数控机床日常维护保养视频。

项目延伸

1. 简述数控机床维护保养的目的和意义。
2. 简述数控机床维护保养的基本要求。
3. 写出数控机床的安全操作规程。
4. 简述数控机床维护保养的过程。
5. 简述数控机床的安全操作规程及 7S 活动。

模块二

数控车削加工工艺及编程技术训练

项目一 压紧轴套的数控车削加工

项目目标

1. 学会分析零件图样，能根据零件图样合理选择刀具、设置工艺参数，以及编制加工工艺路线。
2. 掌握 G 代码、M 代码的功能。
3. 掌握工件坐标系的设定方法及对刀操作方法。
4. 学会正确使用测量工具控制工件尺寸。

素养目标

通过对企业产品的分析、编程、加工及检测，培养学生规范细致的做事态度和安全意识，提高分析和解决问题的能力，树立严谨认真的工作作风及创新精神。

项目描述

压紧轴套是一种常见的机械连接件，用于将轴套固定在轴上，以保证轴与轴套之间的紧固度和转动性能。图 2-1 所示为压紧轴套零件图。

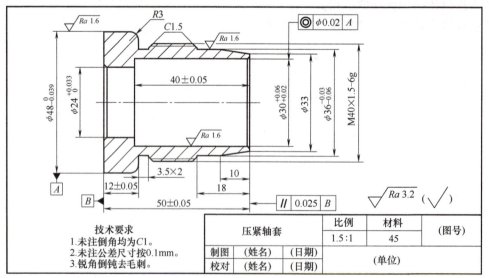

图 2-1 压紧轴套零件图

本项目的压紧轴套主要包含外圆、圆弧、槽、螺纹、孔等的车削加工工艺，需达到以下要求：标准公差等级为 IT8，表面粗糙度值为 $Ra1.6\mu m$。该零件的加工工艺路线如图 2-2 所示。

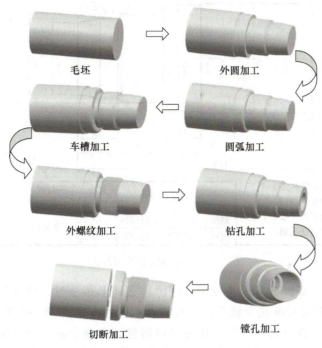

图 2-2 压紧轴套的加工工艺路线

任务一　外圆的数控车削加工

任务目标

1. 掌握外圆的数控车削加工方法，合理选择刀具与工艺参数编制加工工艺。
2. 会用 G00、G01 指令正确编写外圆的数控车削加工程序，完成模拟验证。
3. 掌握外圆车刀的装夹与对刀操作方法。
4. 正确使用游标卡尺、外径千分尺进行测量。
5. 掌握数控车床的操作方法，能按图样要求加工出合格产品。

任务描述

如图 2-3 所示，零件材料为 45 钢，其切削性能较好，可以选用硬质合金车刀加工。根据图样和准备的加工材料可以看出，毛坯为 $\phi 50mm$ 的棒料，本任务为直线轮廓零件的加工，需要保证图样上 $\phi 48_{-0.039}^{0}mm$、$\phi 36_{-0.06}^{-0.03}mm$、$\phi 40_{-0.39}^{0}mm$ 等尺寸精度要求。学习本任务的目的主要是应用 G00、G01 指令完成加工要求，并能在斯沃数控仿真软件上对外圆进行仿真加工。压紧轴套外圆的表面粗糙度值为 $Ra1.6\mu m$，通过车削加工可以达到要求。

知识链接

一、编程指令

1. F、S、T 功能

（1）F 功能　F 功能用于指定进给速度。

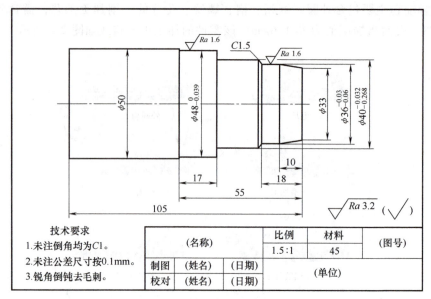

图 2-3　压紧轴套的外圆加工

1）每转进给（G99）。在含有 G99 指令的程序段后遇到 F 指令时，则认为 F 所指定的进给速度单位为 mm/r。系统开机状态为 G99 指令状态，只有输入 G98 指令后，G99 指令才会被取消。

2）每分进给（G98）。在含有 G98 指令的程序段后遇到 F 指令时，则认为 F 所指定的进给速度单位为 mm/min。G98 指令被执行一次后，系统将保持 G98 指令状态，直到被 G99 指令取消为止。

（2）S 功能　S 功能用于指定主轴转速或速度。

1）恒线速度控制（G96）。G96 是恒线速切削控制有效指令。系统执行 G96 指令后，地址码 S 后面的数值表示切削速度。例如，G96 S100 表示切削速度为 100m/min。

2）主轴转速控制（G97）。G97 是恒线速切削控制取消指令。系统执行 G97 指令后，地址码 S 后面的数值表示主轴每分钟的转数。例如，G97 S800 表示主轴转速为 800r/min。系统开机状态为 G97 指令状态。

3）主轴最高速度限定（G50）。G50 指令除具有坐标系设定功能，还有主轴最高转速设定功能，即用地址码 S 指定的数值设定主轴的最高转速。例如，G50 S2000 表示主轴转速最高为 2000r/min。

（3）T 功能　T 功能也称刀具功能，用于在数控系统中换刀。例如在 FANUC-0i 系统中，T0101 表示采用 1 号刀具和 1 号刀补。

F 功能、T 功能、S 功能均为模态指令。

2. 准备功能指令

（1）快速定位（G00）

1）指令格式：G00 X（U）__ Z（W）__；

2）参数说明：

X、Z——目标点的绝对坐标值。

U、W——增量值。

① 移动速度不能用程序指令设定，而是由系统参数预先设置的。

② G00 指令一般用于加工前的快速定位或加工后的快速退刀。

③ 指令执行过程为刀具先由程序起始点加速到最大速度，然后快速移动，最后减速到终点，实现快速定位。

④ G00 指令为模态指令，可由 G01、G02、G03 或 G33 指令取消。

3）应用示例：图 2-4 中快速移动轨迹 OB 和 BC 的程序段如下：

OB：G00 X20.0 Z20.0；
BC：G00 X40.0 Z0；

(2) 直线插补（G01）

1) 指令格式：G01 X(U)__ Z(W)__ F__；

2) 参数说明：

X、Z——目标点的绝对坐标值。

U、W——增量值。

F——进给速度。

① 该指令的运动轨迹为直线。

② G01 指令后的坐标值可用绝对值，也可用增量值。

③ 进给速度由 F 指令确定。

④ G01 指令为模态指令。

3) 应用示例：图 2-4 中直线移动轨迹 OA 和 BD 的程序段如下：

OA：G01 X20.0 Z30.0 F0.2；
BD：G01 X60.0 Z0 F0.2；

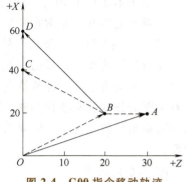

图 2-4 G00 指令移动轨迹

二、加工工艺

1. 加工路线

（1）加工路线的确定原则

1) 先粗后精。为了提高生产率，应先粗加工轴类零件各外圆表面，然后用较小的切削用量进行精加工。

2) 尽可能使数值计算简单，以减少编程的工作量。

3) 先近后远。尽可能使加工路线最短，这样既可减少程序，又可减少空刀时间。

4) 要考虑工件的加工余量、机床和刀具等的情况。

（2）分层切削加工工艺 在数控车削加工过程中，考虑毛坯的形状、零件的刚度和结构工艺性、刀具形状、生产率，以及数控系统具有的循环功能等因素，大余量毛坯切削循环加工路线主要为矩形分层切削进给路线，如图 2-5 所示。

矩形分层切削的加工路线较短，加工效率较高，编程较为方便。

2. 工艺要求

（1）端面车削工艺要求 用 90°外圆车刀车削加工端面时，背吃刀量不能过大。在通常情况下，使用右偏刀的副切削刃对工件端面进行切削加工，当背吃刀量过大时，切削力 F 会使车刀扎入端面而形成凹面，如图 2-6 所示。

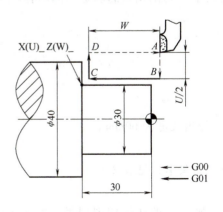

图 2-5 进给路线

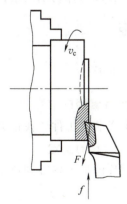

图 2-6 用右偏刀车削加工端面产生的凹面

主偏角不能小于90°，否则会使端面的平面度超差或者在车削加工台阶端面时造成台阶端面与工件轴线不垂直的情况。通常在车削加工端面时，右偏刀主偏角的范围应为90°~93°。

（2）外圆车削工艺要求　外圆的车削加工一般分为粗加工和精加工。粗加工时对零件表面质量及尺寸没有严格的要求，只需尽快去除各表面多余的部分，同时给各表面留出一定的精加工余量即可；一般在车床动力条件允许的情况下，采用背吃刀量大、进给量大、转速低的做法；对车刀的要求主要是有足够的强度、刚度和寿命。精加工是车削加工的末道工序，目的是使工件获得准确的尺寸和规定的表面粗糙度值，对车刀的要求主要是锋利，切削刃平直且光洁；切削时必须使切屑排向工件待加工表面。

3. 刀具的选用

外圆车刀按刀尖角分为80°、75°、60°、55°、35°等多种类型。图2-7所示为80°外圆车刀。

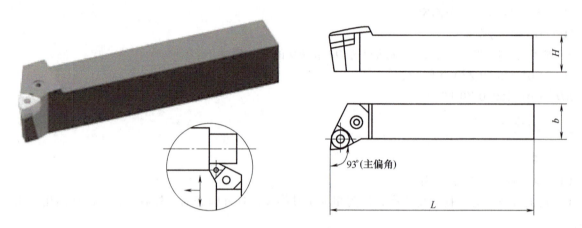

图 2-7　80°外圆车刀

4. 对刀点与换刀点的确定

对刀点是在数控机床上加工零件时，刀具相对于工件运动的起点。对刀点的选择原则是：

1) 便于用数字处理和简化程序编制。
2) 在机床上找正容易，在加工中便于检查。
3) 引起的加工误差小。

换刀点是指刀架转位换刀时的位置。换刀点应设在工件或夹具的外部，以刀架转位时不与工件及其他部件发生干涉为准。

5. 切削用量的确定

切削用量包括切削速度、背吃刀量、进给量。应结合数控车削加工中的毛坯材料、技术要求、刀具、工艺安排等合理选择切削用量，可参考本书模块一项目二中"切削用量的确定"的内容。

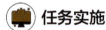 任务实施

一、工艺分析

1. 工件装夹方案的确定

用自定心卡盘装夹工件，找正夹持 $\phi 50 mm$ 的毛坯，毛坯伸出长度为60mm。

2. 工、量、刀具的确定

根据零件图样的加工内容和技术要求，填写工具、量具、刀具卡，见表2-1。

3. 加工工艺方案的制订

加工路线根据"基准先行，先粗后精，工序集中"等原则，合理选择切削用量。加工工序卡见表2-2。

表2-1　工具、量具、刀具卡

类别	序号	名称	规格或型号	精度/mm	数量	备注
量具	1	游标卡尺	0~150mm	0.02	1	
	2	外径千分尺	0~25mm、25~50mm	0.01	各1	
刀具	3	80°外圆车刀（粗加工 T0101）	20mm×20mm		1	刀杆和机床匹配
	4	55°外圆车刀（精加工 T0202）	20mm×20mm		1	刀杆和机床匹配
辅具	5	常用工具、辅具	铜棒等		1	
	6	函数计算器			1	

表2-2　加工工序卡

工步	加工内容	刀具		主轴转速 /(r/min)	进给量 /(mm/r)	背吃刀量 /mm
		名称	规格 $\left(\dfrac{宽}{mm}\times\dfrac{高}{mm}\right)$			
1	车端面	80°外圆车刀	20×20	600	0.2	1
2	外圆台阶、圆锥粗加工	80°外圆车刀	20×20	600	0.2	1
3	外圆台阶、圆锥精加工	55°外圆车刀	20×20	1200	0.1	0.5

二、程序编制

1. 确定工件坐标系

选取工件右端面与轴线的交点作为工件坐标系原点。

2. 基点计算

如图2-8所示，外圆加工路线从起点 $A \to B \to C \to D \to E \to F \to G \to H$，至退刀结束。外圆加工各基点坐标见表2-3。

表2-3　外圆加工各基点坐标

基点	坐标(X,Z)	基点	坐标(X,Z)
A	(33,0)	E	(39.8,-19.5)
B	(36,-10)	F	(39.8,-38)
C	(36,-18)	G	(48,-38)
D	(37,-18)	H	(48,-55)

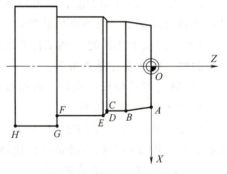

图2-8　工件坐标系及基点

3. 参考程序

三、图形仿真（模拟软件技能训练）

1. 开机，回参考点

2. 程序输入

3. 装夹工件及刀具

4. 手动对刀及参数设置

X、Z方向用试切法对刀，在刀具补正 G01 的形状页面中设置参数值。

5. 图形模拟仿真加工

自动运行，显示刀具运动轨迹和图形仿真加工，正确校验加工程序。

外圆的数控车削加工参考程序

外圆的数控车削仿真加工

四、自动加工（机床实操技能训练）

1. 加工准备

1）检查毛坯尺寸。
2）开机，回参考点。
3）程序输入：把编写好的程序通过数控机床控制系统面板输入到数控机床。
4）工件装夹：用自定心卡盘装夹工件，找正夹持 $\phi 50$mm 的外圆，毛坯伸出卡盘长度为 60mm，夹紧工件。
5）刀具装夹：把外圆粗、精车刀正确安装到刀架上。

2. 对刀操作

X、Z 方向用试切法对刀，在刀具补正 G01 的形状页面中设置参数值。

3. 程序校验

利用空运行（一般为避免撞刀，常把基础坐标系中 Z 值增加 100mm 后运行程序）或将机床锁住、辅助功能锁住进行图形模拟校验程序。空运行结束后必须返回参考点。

图形模拟后，先解除机床锁住和空运行，然后进入手动功能或手摇功能，再依次按"POS"软键→"绝对"软键→"操作"软键→"W 预置"软键→"所有轴"。

4. 自动加工

当程序校验无误后，再次解除机床锁住和空运行，返回参考点，将坐标系中 Z 值还原，然后调用相应程序开始自动加工。

选择 MEM（自动加工）工作模式，按单段运行开关，调好进给倍率，打开程序，按下循环启动按钮进行程序加工，刀具在执行完一段程序后停止，继续按循环启动按钮，即可一段一段执行加工程序。通过单段加工模式可以逐段执行程序，便于仔细检查和调试数控程序。

注意：
1）在进行自动加工前，车刀应远离工件，前面几步用单段运行功能，自动加工时手指应分别放在启动键和暂停键上，以便随时启停。
2）车刀接近工件时（离工件右端面 10mm 左右）一定要暂停，然后查看剩余移动量，根据剩余移动量的值来判断操作是否准确。
3）确定刀具位置正确后，再连续运行加工。

5. 外圆尺寸精度控制

在外圆加工中可以采用外径千分尺来测量外圆的尺寸，通过修改磨耗来控制外圆的尺寸精度，将测量值和计算好的外圆直径值进行比较后，将差值直接输入磨耗中即可。

6. 加工结束，清理机床

松开夹具，卸下工件，清理机床。

📺 任务评价

请扫描二维码对本项目进行评价。

📺 任务延伸

1. 外圆分层车削还有没有其他指令？车刀角度如何确定？
2. 外圆车削分为哪几个阶段？常用的加工指令有哪些？
3. 简述外圆数控车削加工的工艺要求。

4. 使用数控仿真软件编制图 2-9 所示的台阶轴加工程序。

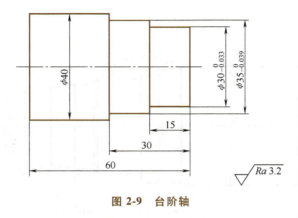

图 2-9　台阶轴

任务二　圆弧的数控车削加工

📋 任务目标

1. 掌握圆弧的数控车削加工方法，合理选择刀具与工艺参数编制加工工艺。
2. 掌握简单圆弧的基点计算方法，会用 G02、G03 指令编程，完成模拟验证。
3. 正确使用游标卡尺、外径千分尺进行测量。
4. 掌握数控车床的操作方法，能按图样要求加工出合格产品。

📋 任务描述

如图 2-10 所示，本项目学习的内容一方面是巩固前面所学的外圆的车削加工方法，另一方面是了解圆弧加工的基本知识，掌握圆弧程序编制与加工的方法与技巧，完成图中 R3mm 圆弧数控车削加工程序的编制，并能在相应的数控车床上独立地加工出合格的零件。

📋 知识链接

一、编程指令

顺/逆时针圆弧插补指令为 G02/G03。

1. 指令格式

G02/G03 X__ Z__ R__ F__；
G02/G03 X__ Z__ I__ K__ F__；

其中，G02——沿顺时针方向进行圆弧插补。

　　　　G03——沿逆时针方向进行圆弧插补。

　　X、Z——圆弧的终点坐标值，其值可以是绝对坐标，也可以是增量坐标。

　　　　R——圆弧半径。

　　I、K——圆弧的圆心相对其起点并分别在 X、Y 和 Z 坐标轴上的增量值。

　　　　F——进给速度。

2. 指令说明

（1）圆弧顺、逆判断　圆弧的顺、逆是根据从起点到圆弧终点的方向来判断的，如图 2-11 所示。对于数控车床，刀架位置不同，圆弧的顺、逆不同。

（2）I、K 值　I、K 值为圆弧圆心相对于圆弧起点的坐标值，如图 2-12 所示。

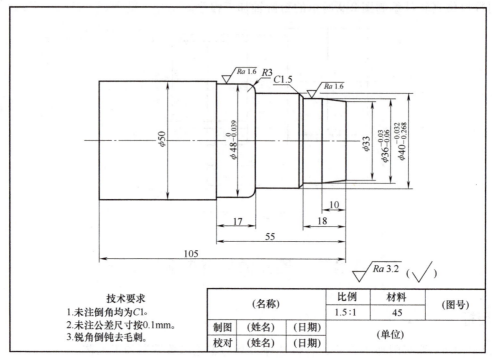

图 2-10 压紧轴套的圆弧加工

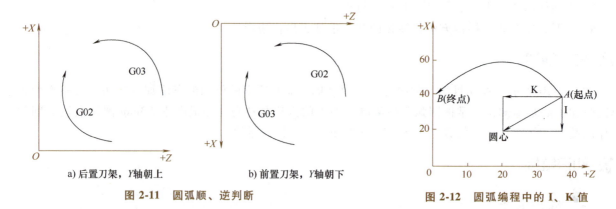

a) 后置刀架，Y轴朝上　　　b) 前置刀架，Y轴朝下

图 2-11 圆弧顺、逆判断

图 2-12 圆弧编程中的 I、K 值

3. 应用示例

如图 2-13 所示，轨迹 AB 用圆弧指令编写的程序段如下：

AB 轨迹 1：G03 X40.0 Z2.68 R20.0；
　　　　　G03 X40.0 Z2.68 I-10.0 K-17.32；

AB 轨迹 2：G02 X40.0 Z2.68 R20.0；
　　　　　G02 X40.0 Z2.68 I10.0 K-17.32；

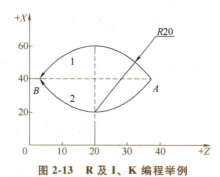

图 2-13 R 及 I、K 编程举例

二、工艺知识

1. 车圆法

（1）同心圆法　如图2-14a所示。同心圆法就是沿不同半径的圆的轨迹进行车削加工，最终将所需的圆弧加工出来。图2-14a中各圆弧是同心圆，圆弧始点、终点坐标，以及半径 R 均变化。

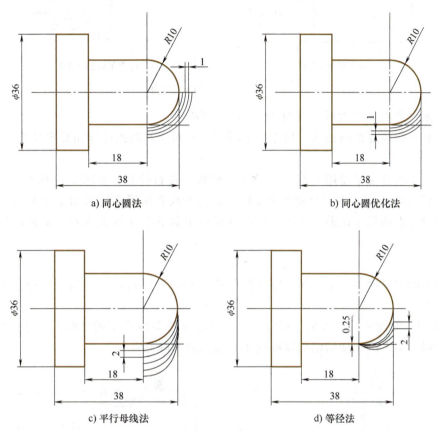

图2-14　车圆法

起刀点 A 和终点 B 的确定方法：如图2-15所示，连接 OA、OB，则此时车削圆弧的半径为 $R=OA=OB$，所以 $BD=AE$，由 BC、AC 很容易确定起点和终点的坐标。

此方法的缺点是计算较麻烦，空行程多。可以用图2-14b所示的方法进行优化，以减少空行程，提高加工效率。

（2）平行母线法　如图2-14c所示。用平行母线法车削加工圆弧时，圆弧起点、终点坐标变化，半径 R 不变。为了合理分配背吃刀量，保证加工质量，采用平行母线法切削，编程思路简单，但空行程较多，加工效率不高。

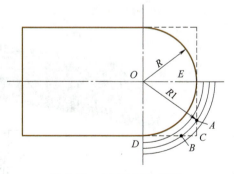

图2-15　车圆法粗车圆弧

（3）等径法　如图2-14d所示。用等径法车削加工圆弧时，圆弧起点坐标变化，圆弧终点坐标和半径 R 不变。等径法坐标计算简单，通俗易懂，空行程少，加工效率较高。

2. 车锥法

在车削加工圆弧时，不可能用一刀就把圆弧加工好，因为这样背吃刀量太大，容易打刀，可以先车削加工一个圆锥，如图2-16所示。车锥时，起点和终点若确定不好则可能损伤表面，也可能将余量留得太大。

起点和终点的确定方法：如图2-16a所示，连接 OC 交圆弧于点 D，过点 D 作圆弧的切线 AB，因为 $OC=1.414R$，由 R 与 A、B、C 的关系可得 $AC=BC=0.586R$，即车锥时，加工路线不能超过 AB 线，

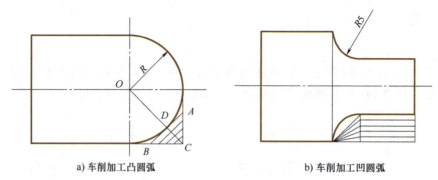

a) 车削加工凸圆弧　　　　　b) 车削加工凹圆弧

图 2-16　车锥法粗加工圆弧

否则就要损坏圆弧，当 R 不太大时，可取 $AC = BC = 0.5R$。

对于凸圆弧和一些较复杂的圆弧，用车锥法较复杂；对于凹圆弧计算相对容易些。

3. 圆弧的测量

测量圆弧最简单的方法是使用 R 规（也称半径样板）进行检测，如图 2-17 所示。测量时，找到与被测量圆弧半径相同的 R 规，将它与被测要素贴合，目测或者使用塞尺来测量 R 规与被测要素之间的间隙，以确定测量要素的尺寸误差。此外，还可以通过定制的半径样板或者三坐标测量仪等设施来完成圆弧的测量。

4. 刀具选择

选择圆弧加工的刀具时，一定要注意零件圆弧的大小，合理选择副偏角，避免在车削加工时刀具与工件表面发生干涉。

加工图 2-18 所示的圆弧时，刀尖角不宜太大，可选择图 2-19 所示的外圆车刀进行加工，可以避免干涉，但是刀尖强度会下降，使切削的深度变小，加工效率降低。

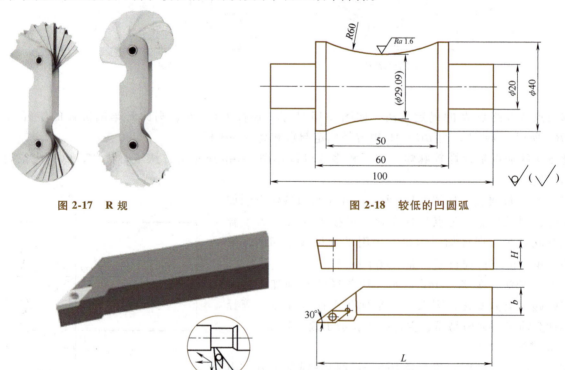

图 2-17　R 规　　　　　图 2-18　较低的凹圆弧

图 2-19　刀尖角为 30° 的外圆车刀

圆弧车刀的选择以车削时不产生根切现象为佳，即车刀的两侧刃不与工件发生干涉。同时，车刀刀尖不宜太尖，否则容易导致圆弧表面质量下降。因此，在一定的情况下需要使用特型车刀。

任务实施

一、工艺分析

1. 工件装夹方案的确定
用自定心卡盘装夹,工件伸出长度为60mm。

2. 工、量、刀具的确定
根据零件图样的加工内容和技术要求,填写工具、量具、刀具卡,见表2-4。

表2-4 工具、量具、刀具卡

类别	序号	名称	规格或型号	分度值/mm	数量	备注
量具	1	游标卡尺	0~150mm	0.02	1	
	2	外径千分尺	0~25mm、25~50mm	0.01	各1	
刀具	3	80°外圆粗车刀(T0101)	20mm×20mm		1	刀杆和机床匹配
	4	55°外圆精车刀(T0202)	20mm×20mm		1	刀杆和机床匹配
辅具	5	常用工具、辅具	铜棒等		1	
	6	函数计算器			1	

3. 加工工艺方案的制订
加工路线根据"基先行,先粗后精,工序集中"等原则,合理选择切削用量。加工工序卡见表2-5。

表2-5 加工工序卡

工步	加工内容	刀具		主轴转速 /(r/min)	进给量 /(mm/r)	背吃刀量 /mm
		名称	规格($\frac{宽}{mm} \times \frac{高}{mm}$)			
1	圆弧粗加工	80°外圆车刀	20×20	600	0.2	1
2	圆弧精加工	55°外圆车刀	20×20	1200	0.1	0.25

二、程序编制

1. 确定工件坐标系
选择零件右端面正中心处作为工件坐标系原点,如图2-20所示。

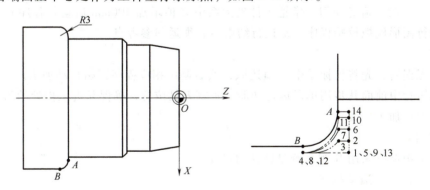

图2-20 工件坐标系及原点

2. 基点计算
如图2-20所示,圆弧加工路线为A点→B点,采用等径法分三刀加工。粗加工路线为1→2→3→

4→5→6→7→8→9→10→11→12→13；精加工路线为 1→14→A→B→4→换刀点。圆弧加工各基点坐标见表 2-6。

表 2-6 圆弧加工各基点坐标

基点	坐标(X,Z)
A	(42,-38)
B	(48,-41)

圆弧的数控车削加工参考程序

3. 参考程序

三、图形仿真（模拟软件技能训练）

1. 开机、回参考点

2. 程序输入

3. 装夹工件及刀具

4. 手动对刀及参数设置

X、Z 方向用试切法对刀，粗车刀在刀具补正 G01 的形状页面下设置参数值，精车刀在刀具补正 G02 的形状页面下设置参数值。

圆弧的数控车削仿真加工

5. 图形模拟仿真加工

自动运行，显示刀具运动轨迹和图形仿真加工，正确校验加工程序。

四、自动加工（机床实操技能训练）

1. 加工准备

1）检查工件尺寸。

2）开机，回参考点。

3）程序输入：把编写好的程序通过数控机床控制面板输入到数控机床。

4）工件装夹：用自定心卡盘装夹工件，找正夹持 ϕ50mm 的外圆，工件伸出卡盘长度为 60mm，夹紧工件。

5）刀具装夹：把外圆粗、精车刀正确安装到刀架上。

2. 对刀操作

X、Z 方向用试切法对刀，在刀具补正 G01 的形状页面中设置参数值，精车刀在刀具补正 G02 的形状页面中设置参数值。

3. 程序校验

利用空运行（一般为避免撞刀，常把工件坐标系中 Z 值增加 100mm 后运行程序）或将机床锁住、辅助功能锁住进行图形模拟校验程序。空运行结束后必须返回参考点。

4. 自动加工

当程序校验无误后，先将坐标系中 Z 值还原，然后调用相应程序开始自动加工。

注意：自动运行中前面几步用单段运行功能，观察刀具位置，确保靠近工件处的刀具位置正确后，再执行连续运行进行加工。

5. 尺寸精度控制

在加工中可以采用 R 规来测量圆弧的尺寸。

6. 加工结束，清理机床

松开夹具，卸下工件，清理机床。

 任务评价

圆弧的数控车削加工任务评价

请扫描二维码对本任务进行评价。

任务延伸

1. 简述圆弧指令格式的含义。
2. 简述圆弧加工时的注意事项。
3. 在圆弧加工过程中如何确保加工的稳定性和精度？
4. 编写图 2-21 所示圆弧轴的加工工艺与程序。

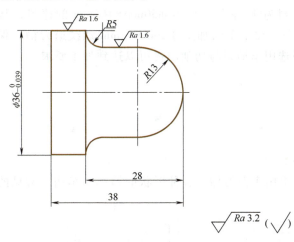

图 2-21　圆弧轴

任务三　槽的数控车削加工

任务目标

1. 掌握槽的数控车削加工方法，合理选择刀具与工艺参数编制加工工艺。

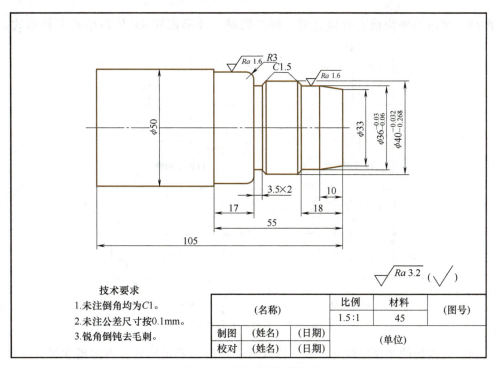

图 2-22　压紧轴套的槽加工

2. 会用 G00、G01、G04、G75 指令正确编写车槽的数控加工程序，完成模拟验证。
3. 掌握车槽刀的装夹与对刀操作方法。
4. 正确使用外径千分尺、游标卡尺等进行测量。
5. 掌握数控车床的操作方法，能按图样要求加工出合格产品。

任务描述

如图 2-22 所示，零件材料为 45 钢，毛坯为 φ50mm×105mm 的棒料，其切削性能较好，选用机夹式外槽车刀。该零件结构简单，要求车削加工 3.5mm×2mm 螺纹退刀槽，保证其尺寸精度，表面粗糙度值为 $Ra3.2\mu m$，通过合理选用车槽刀与切削用量可以达到加工要求。

知识链接

一、工艺知识

1. 槽的种类及车槽刀的类型

（1）槽的种类　在工件上用车槽刀加工各种形状的槽称为车槽。常见的槽有外沟槽、内沟槽和端面沟槽，如图 2-23 所示。

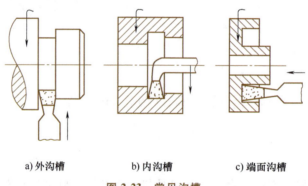

a) 外沟槽　　　b) 内沟槽　　　c) 端面沟槽

图 2-23　常见沟槽

1）外沟槽。常用的外沟槽有外圆直槽、圆弧沟槽、梯形槽和 45°外沟槽等多种形式，如图 2-24 所示。

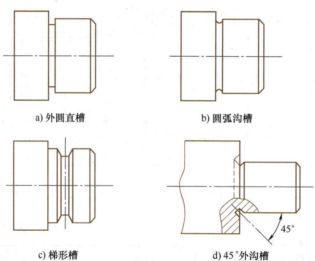

a) 外圆直槽　　　　　　b) 圆弧沟槽

c) 梯形槽　　　　　　d) 45°外沟槽

图 2-24　常见的各种外沟槽

2）内沟槽。内沟槽的截面形状有矩形、圆弧形、梯形和燕尾形等，内沟槽在机器零件中起退刀、密封、定位、通气、通油等作用，如图 2-25 所示。

3）端面沟槽。端面沟槽的截面形状有直槽、圆弧槽、燕尾槽、T形槽等，如图2-26所示。

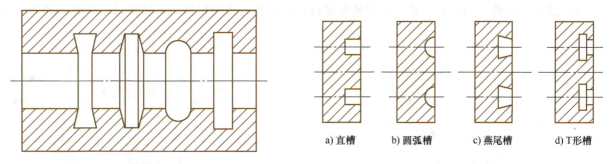

图 2-25　常见的各种内沟槽

a) 直槽　　b) 圆弧槽　　c) 燕尾槽　　d) T形槽

图 2-26　常见的各种端面沟槽

（2）车槽刀的类型　常用的车槽刀有焊接式和机夹式车槽（断）刀，一般采用硬质合金刀片或硬质合金涂层刀片，如图2-27所示。

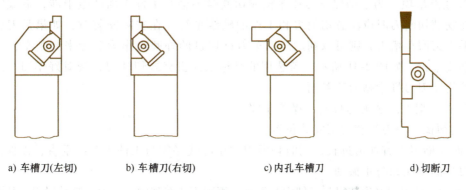

a) 车槽刀(左切)　　b) 车槽刀(右切)　　c) 内孔车槽刀　　d) 切断刀

图 2-27　常用车槽刀

2. 车槽时的刀具路线及注意事项

（1）宽槽加工的刀路设计　当槽宽度尺寸较大（大于车槽刀刀头宽度），应采用多次进刀法加工，并在槽底及槽壁两侧留有一定的精加工余量，然后根据槽底、槽宽尺寸进行精加工。

（2）宽槽加工应注意的问题　车槽过程中退刀路线应合理，避免产生撞刀现象，如图2-28a所示；车槽后应先沿径向（X向）退出刀具，再沿轴向（Z向）退刀，如图2-28b所示。

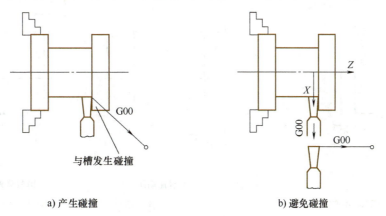

a) 产生碰撞　　　　　　　　b) 避免碰撞

图 2-28　退刀路线

3. 车槽刀的装夹与对刀

（1）安装要求

1）为尽可能减少振动和偏移，刀杆伸出长度应尽可能小，刀杆应尽可能选择大尺寸。

2）安装刀具时，切削刃与工件的轴线平行，否则易崩刃，甚至断刀。

3）为得到垂直的加工表面，减少振动，刀具和工件中心线应呈 90°，如图 2-29 所示。

4）整体式车槽刀刚性好，机夹式则推荐进行轴向和径向浅槽切削加工时采用，如图 2-30 所示。

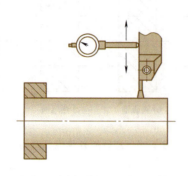

图 2-29　刀具和工件中心线呈 90°

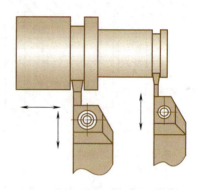

图 2-30　轴向和径向浅槽切削加工

（2）安装注意事项　为了确保车刀在车槽或切断时不会与工件表面产生干涉，造成零件切断面凸起或凹陷，在安装切断刀时应注意切削刃和工件的轴线平行。在实际安装时，如果是刀杆形状不是很规整的焊接手工刃磨车槽刀，则可以利用外圆车刀试切过的外圆面作为参考来判断车槽刀的切削刃是否与工件的轴线平行，如图 2-31 所示。若选用的是标准的机夹式切断刀，校对好车刀与工件中心高度后则可以直接将车刀刀杆紧贴刀架侧面。

（3）刀具在刀架上的装夹与校验　操作步骤：

1）装夹前须擦干净刀具和刀架安装位置。

2）安装时切断刀不宜伸出过长，同时切断刀的中心线必须与工件中心线垂直，以保证两个副偏角对称，增强刀具的刚性和防止振动。

3）切断刀的主切削刃必须装得与工件中心等高，否则不能车到中心，而且容易崩刃，甚至折断车刀。

4）刀杆装夹面与刀架接触面平行且靠紧，以保证刀具装正。

5）固定刀具位置，依次旋紧刀架螺钉，夹紧刀具。

6）采用试切或百分表进行刀杆直线度校验。

（4）车槽刀的对刀　车槽刀在加工中一般不作为基准刀具，对刀在已切削的光滑外圆柱面进行，因此多采用碰刀法。如图 2-32 所示，保证与基准刀具坐标系一致。车槽刀对刀操作步骤见表 2-7。

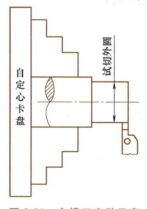

图 2-31　车槽刀安装示意

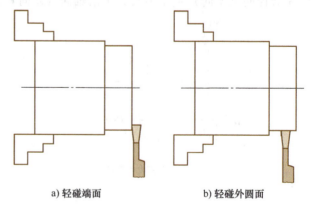

a）轻碰端面　　　b）轻碰外圆面

图 2-32　碰刀法对刀操作示意

二、编程指令

1. 暂停指令（G04）

（1）功用、指令格式及参数说明　暂停指令 G04 用于车槽、镗孔、钻孔指令后，以提高表面质量及有利于切屑的充分排出。

表 2-7 车槽刀的对刀操作步骤

车槽刀的对刀	操作步骤
确定 Z 轴零点位置	1）在"手轮"方式下使主轴正转 2）操作手轮，移动车槽刀"-Z"向轻碰已车削的毛坯端面，如图 2-32a 所示 3）按"参数设置"键→"刀补"软键，进入"形状"补正页面 4）选中"002"号刀补位置，将光标移至"002 号 Z 轴"处，输入"Z0.0"，并按"测量"按钮。此时光标处显示的数值即为刀具当前位置 Z 轴零点在机床坐标系中的机械坐标值 5）操作手轮，移动外圆车刀"+Z"向退刀，并使主轴停转
确定 X 轴零点位置	1）在"手轮"方式下使主轴正转 2）操作手轮，移动车槽刀"-X"向轻碰已车削的外圆面，如图 2-32b 所示，此外圆面中心线即为 X 轴零点 3）按"参数设置"键→"刀补"软键，进入"形状"补正页面 4）选中"002"号刀补位置，将光标移至"002 号 X 轴"处，输入外圆车刀试切对刀时外圆面直径 X 值，并按"测量"按钮 5）操作手轮，移动车槽刀离开毛坯，并使主轴停转

注：非基准刀具对刀时必须保证 Z 轴零点与基准刀具 Z 轴零点一致；非基准刀具 X 坐标轴零点位置确定应采用试切方式，以保证对刀精准性。

1）指令格式：G04 X＿；或 G04 P＿；

2）参数说明：

X——指定时间，单位为 s，允许使用小数点，如 G04 X2.0 表示暂停 2s。

P——指定时间，单位为 ms，不许使用小数点，如 G04 P2000 表示停 2s。

（2）应用示例 车槽刀在窄槽底停留 4s，如图 2-33 所示。程序见表 2-8。

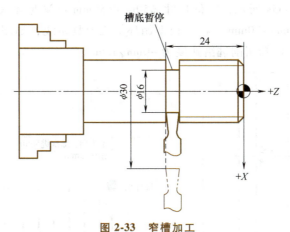

图 2-33 窄槽加工

表 2-8 G04 指令应用示例程序

程序段	注释
……	
G01　X16.0 F0.12；	加工至槽底
G04　X4.0；	槽底停留 4s
G01　X30.0；	退刀
……	

2. 径向车槽循环指令（G75）

（1）功用、指令格式及参数说明 执行径向车槽复合循环指令 G75，可控制刀具以轴向进刀、径向切削的方式进行工件径向环形槽（单槽、多槽）或切断加工。由于采用径向断续切削，还能起到断屑、排屑作用。

1）指令格式：G75 R(*e*)＿；

$$\text{G75 X(U)\_\_ Z(W)\_\_ P}(\Delta i)\text{\_\_ Q}(\Delta k)\text{\_\_ R}(\Delta d)\text{\_\_ F\_\_;}$$

2）参数说明：

R（e）——每次径向进给 Δi 后的径向退刀量（半径值，无正负号），单位为 mm。

X——切削目标点的 X 轴绝对坐标值。

U——切削目标点与循环起点 A 的 X 轴绝对坐标值的差值。

Z——切削目标点的 Z 轴绝对坐标值。

W——切削目标点与循环起点 A 的 Z 轴绝对坐标值的差值。

P(Δi)——径向进刀时，每次切削进给深度（直径值，单位为 mm，无正负号）。

R(Δd)——每次切削至径向目标点后的轴向退刀量（无正负号），一般省略。

Q(Δk)——刀具每完成一层径向切削后，在轴向的偏移进刀量（单位为 mm，无正负号）。

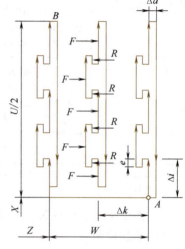

图 2-34　G75 指令运动轨迹

（2）运动轨迹　G75 指令运动轨迹如图 2-34 所示。首先，刀具从循环起点 A 的径向切削进给 Δi，回退 e，重复此步骤直至切削到与切削目标点 X 轴坐标值相同的位置，然后轴向退刀 Δd、径向回退至与循环起点 A 的 X 轴坐标值相同的位置，完成一次径向切削循环；接着，轴向进刀 Δk，执行下一次径向切削循环，直至切削到切削目标点后，返回循环起点 A，径向车槽复合循环结束。

（3）应用示例　如图 2-35a 所示，零件尺寸 $\phi 50\text{mm} \times 50\text{mm}$ 已满足要求，拟采用宽度为 3mm 车槽刀，通过 G75 指令加工 $\phi 30\text{mm} \times 20\text{mm}$ 宽槽。根据循环加工刀具路线，如图 2-35b 所示，循环起点为 A（52，-18），程序见表 2-9，已知切削进给速度为 40mm/min。

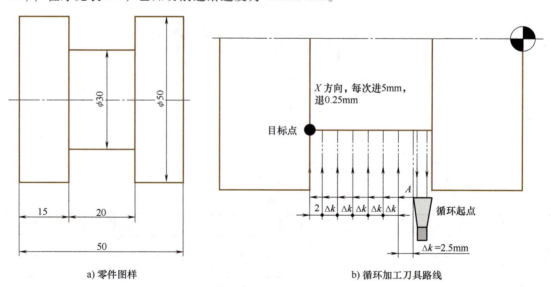

a) 零件图样　　　　　b) 循环加工刀具路线

图 2-35　G75 指令应用示例

表 2-9　G75 指令应用示例程序

程序段	注释
……	
G00 X52.0 Z-18.0；	快速运动到循环起点 A
G75　R0.25； G75 X30.0 Z-35.0 P5000 Q2500 F40；	宽槽加工
……	

三、外沟槽的测量

1. 精度要求低的沟槽测量

可用钢直尺测量沟槽的宽度，用钢直尺、外卡钳相互配合等方法测量槽底直径，如图2-36所示。

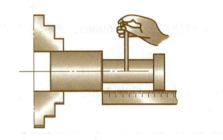

图2-36　沟槽的测量（1）

2. 精度要求高的沟槽测量

通常用外径千分尺测量沟槽槽底直径，如图2-37a所示；用样板和游标卡尺测量其宽度，如图2-37b、c所示。

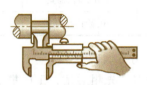

a）用外径千分尺测量　　b）用样板测量　　c）用游标卡尺测理

图2-37　沟槽的测量（2）

3. 梯形槽的测量

梯形槽的形状特殊，一般量具满足不了其测量要求，可采用特制的相应梯形槽尺寸及角度专用样板检测。检测时将角度样板对应插入梯形槽内；观察角度样板与梯形槽的间隙，如基本无间隙则槽角度合格，可用游标深度卡尺测量其槽底径来判断槽深是否合格。

加工中对于槽具体尺寸的控制可采用弹簧内卡钳（见图2-38）配合游标卡尺测量。测量时，先将弹簧内卡钳放入槽内测量位置，然后调节卡钳螺母，使卡脚和槽测量表面接触，松紧适度，将卡钳收缩取出，再恢复到测量尺寸位置，用游标卡尺测出卡钳张开的距离，以调控加工尺寸。

图2-38　弹簧内卡钳

四、外沟槽尺寸修正方法

加工完的外沟槽不一定都能保证合格，可以采用游标卡尺、千分尺、量块等量具测量槽底尺寸和槽宽尺寸。如果槽底尺寸偏大，需要在"磨耗"页面中"X"方向补偿"负值"；如果槽侧尺寸偏小，需要在"磨耗"页面中"Z"方向补偿"相应数值"。具体操作方式如下：

1）用游标卡尺、千分尺、量块等量具测量加工完成的槽底直径与槽宽，记下尺寸超出数值，补偿进刀具"磨耗"页面中设置参数。

2）不改变转速、进给速度，再次精车沟槽，测量加工尺寸的精确性。

3）再次测量外圆沟槽的槽底直径与槽宽，确保加工尺寸符合图样要求。

任务实施

一、工艺分析

1. 工件装夹方案的确定

由于是常规的回转类型工件，可采用自定心卡盘装夹，工件伸出长度为60mm，使用卡盘扳手锁紧工件。

2. 工、量、刀具的确定

根据零件图样的加工内容和技术要求，填写工具、量具、刀具卡，见表2-10。

表2-10 工具、量具、刀具卡

类别	序号	名称	规格或型号	分度值/mm	数量	备注
量具	1	游标卡尺	0~150mm	0.02	1	
	2	外径千分尺	0~25mm、25~50mm	0.01	各1	
	3	量块	50块/套	0.01	1	
刀具	4	3mm外槽车刀	MGEHR2020-3		1	刀杆和机床匹配
辅具	5	常用工具、辅具	铜棒、卡盘扳手、刀架钥匙等		各1	
	6	函数计算器			1	

3. 加工工艺方案的制订

加工路线根据"先粗后精，工序集中"等原则，选择合理的切削用量。加工工序卡见表2-11。

表2-11 加工工序卡

工步	加工内容	刀具 名称	刀具 规格$\left(\dfrac{宽}{mm} \times \dfrac{高}{mm}\right)$	主轴转速 /(r/min)	进给量 /(mm/r)	背吃刀量 /mm
1	车3.5mm×2mm 螺纹退刀槽，留余量0.2mm	3mm外槽车刀（T0303）	20×20	400	0.1	3
2	去毛刺	—	—	—	—	—
3	工件精度检测	—	—	—	—	—

二、程序编制

1. 确定工件坐标系

选择零件右端面正中心处作为工件坐标系原点。

2. 基点计算

如图2-39所示，车槽加工先切直槽，再切螺纹左侧倒角。加工路线为1→2→3→4→5→6→7→8，最后退刀结束。槽加工的基点坐标见表2-12，工艺点坐标见表2-13。

表2-12 槽加工的基点坐标

基点	坐标(X, Z)	基点	坐标(X, Z)
A	(42, -38)	D	(37, -34.5)
B	(36, -38)	E	(36, -34.5)
C	(40, -33)		

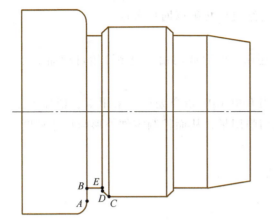
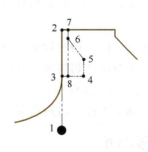

图 2-39　工件坐标系及基点

表 2-13　槽加工的工艺点坐标

工艺点	坐标(X,Z)	工艺点	坐标(X,Z)
1	(48,-38)	5	(40,-36)
2	(36,-38)	6	(37,-37.5)
3	(42,-38)	7	(36,-37.5)
4	(42,-36)	8	(42,-37.5)

3. 参考程序

三、图形仿真（模拟软件技能训练）

1. 开机、回参考点

2. 程序输入

3. 装夹工件及刀具

4. 手动对刀及参数设置

X、Z 方向用试切法对刀，并把操作得到的零偏值输入到形状页面中的 G03 指令的位置寄存器中。

5. 图形模拟仿真加工

自动运行，显示刀具运动轨迹和图形仿真加工，正确校验加工程序。

槽的数控车削加工参考程序

槽的数控车削仿真加工

四、自动加工（机床实操技能训练）

1. 加工准备

1）检查工件尺寸。

2）开机，回参考点。

3）程序输入：把编写好的程序通过数控机床控制面板输入到数控机床。

4）工件装夹：使用数控车床自定心卡盘装夹 φ50×105mm 毛坯，工件伸出长度为 60mm，粗校零件，控制工件跳动为 0.2mm，夹紧工件。

5）刀具装夹：三号刀位装夹 3mm 外槽车刀（装夹时注意刀具伸出长度与中心高）。

2. 对刀操作

X、Z 方向均采用试切法对刀，并把操作得到的零偏值输入到形状页面中的 G03 指令位置寄存器中。

3. 程序校验

利用空运行（一般为避免撞刀，常把工件坐标系中 Z 值增加 100mm 后运行程序）或将机床锁住、辅助功能锁住进行图形模拟校验程序。空运行结束后必须返回参考点。

4. 自动加工

当程序校验无误后，先将坐标系中 Z 值还原，然后调用相应程序开始自动加工。

5. 工件尺寸精度控制

加工外沟槽时，由于槽宽较窄，因此采用 G00/G01 指令编程。采用粗、精加工分开原则，先粗加工，再精加工，充分浇注切削液，合理选用切削用量，从而控制零件外形与尺寸精度。

6. 加工结束，清理机床

松开夹具，卸下工件，清理机床。

 任务评价

请扫描二维码对本任务进行评价。

槽的数控车削加工任务评价

单一外沟槽的数控车削加工

 任务拓展

 任务延伸

1. 在不锈钢等难加工材料上车槽时加工参数如何选择？
2. 加工宽槽时，如何消除槽底接刀痕？
3. 外沟槽加工方式有哪几种？切削参数如何确定？
4. 如何降低槽侧与槽底表面粗糙度值？
5. 编写图 2-40 所示梯形槽的加工工艺与程序。

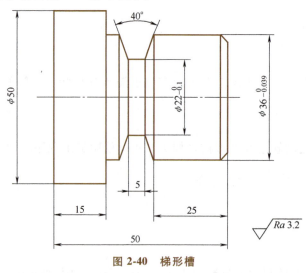

图 2-40 梯形槽

任务四　螺纹的数控车削加工

任务目标

1. 掌握螺纹的数控车削加工方法，合理选择刀具与工艺参数编制加工工艺。
2. 会用 G92、G76 指令编写螺纹的加工程序，完成模拟验证。
3. 能够掌握螺纹车刀的装夹与对刀操作方法。

4. 正确使用螺纹环规或塞规进行检测。
5. 掌握数控车床的操作方法，能按图样要求加工出合格产品。

任务描述

如图 2-41 所示，压紧轴套零件材料为 45 钢，其外圆、外槽均已加工完成，现仅需对 M40×1.5-6g 的螺纹进行加工。该螺纹为普通三角形外螺纹，可以使用 60°三角形外螺纹车刀进行加工。

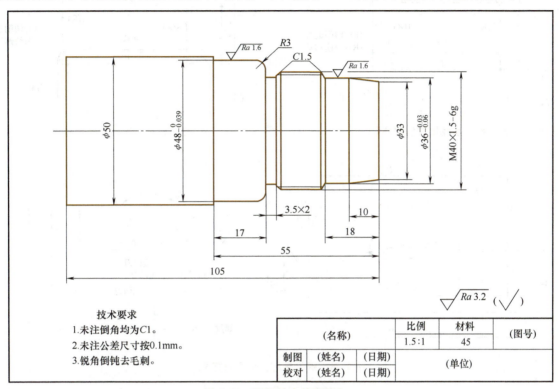

图 2-41 压紧轴套的螺纹加工

知识链接

一、编程指令

1. 螺纹加工指令（G92）

1) 指令格式：G92 X(U)__ Z(W)__ R__ F__ ；（米制螺纹）

2) 参数说明：

X、Z——目标点坐标。

R——锥螺纹始端与终端的半径差值。

F——进给速度，其值应等于螺纹导程。

3) 进给路线：如图 2-42 和图 2-43 所示。

2. 螺纹切削复合循环（G76）

1) 功能：G76 指令用于多次自动循环车削加工螺纹，数控加工程序中只需指定一次，并在指令中设置好有关参数，则能自动加工。在车削加工过程中，除第一次车削深度，其余各次车削深度自动计算。螺纹车削复合循环示意如图 2-44 所示。

2) 指令格式：

G76 P(m)(r)(a)__ Q(Δdmin)__ R(d)__ ；

G76 X(u)__ Z(w)__ R(i)__ P(k)__ Q(Δd)__ F(L)__ ；

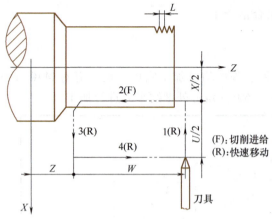

图 2-42 圆柱螺纹切削路径

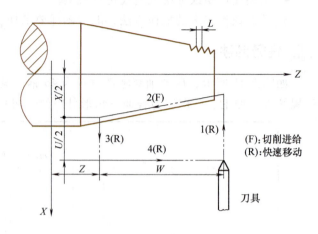

图 2-43 圆锥螺纹切削路径

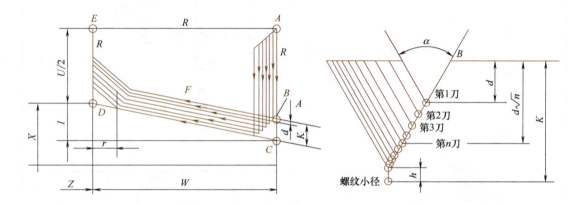

图 2-44 螺纹车削复合循环示意

3) 参数说明:

  m——精车重复次数,从 01~99,用两位数表示,该参数为模态量。

  r——螺纹尾端倒角值,该值的大小可设置在 0.0~9.9L 之间,系数应为 0.1 的整倍数,用 00~99 之间的两位整数来表示,其中 L 为导程,该参数为模态量。

  a——刀尖角度,可从 80°、60°、55°、30°、29°、0°六个角度中选择,用两位整数来表示,该参数为模态量。

m、r、a 用地址 P 同时指定,如 m=2、r=1.2L、a=60°表示为 P021260。

  Δd_{min}——最小车削深度,用半径编程指定,单位为 μm;车削过程中每次的车削深度为 $(\Delta d \sqrt{n} - \Delta d \sqrt{n-1})$。

  d——精车余量,用半径编程指定,单位为 μm;该参数为模态量。

X(u)、Z(w)——螺纹终点绝对坐标或增量坐标。

  i——螺纹锥度值,用半径编程指定;如果 i=0 则为直螺纹,可省略。

  k——螺纹高度,用半径编程指定,单位为 μm。

  Δd——第一次车削深度,用半径编程指定,单位为 μm。

  L——螺纹的导程。

二、螺纹相关知识

1. 螺纹的种类及参数

(1) 螺纹的种类 螺纹按牙型可分为三角形、梯形、矩形、锯齿形和圆弧螺纹;按螺纹旋向可分为左旋和右旋；按螺旋线条数可分为单线和多线；按螺纹母体形状分为圆柱和圆锥等。

（2）螺纹的要素　螺纹包括牙型、公称直径、线数、螺距（或导程）、旋向五个要素。

1）牙型。在通过螺纹轴线的剖面区域上，螺纹的轮廓形状称为牙型。有三角形、梯形、锯齿形、圆弧和矩形等牙型，如图2-45所示。

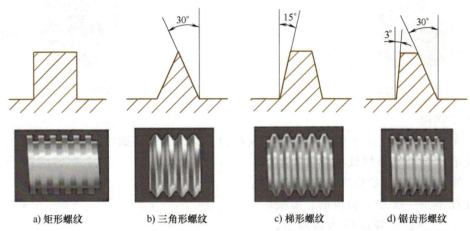

图2-45　螺纹牙型

2）直径。螺纹有大径（d、D）、中径（d_2、D_2）、小径（d_1、D_1）。在表示螺纹时采用的是公称直径，公称直径是代表螺纹尺寸的直径，如图2-46所示。普通螺纹的公称直径就是大径。

3）线数。沿一条螺旋线形成的螺纹称为单线螺纹，沿轴向等距分布的两条或两条以上的螺旋线形成的螺纹称为多线螺纹，如图2-47所示。

4）螺距和导程。螺距（P）是相邻两牙在中径线上对应两点间的轴向距离。导程（L）是同一条螺旋线上的相邻两牙在中径线上对应两点间的轴向距离。单线螺纹的导程=螺距，多线螺纹的导程=螺距×线数，如图2-48所示。

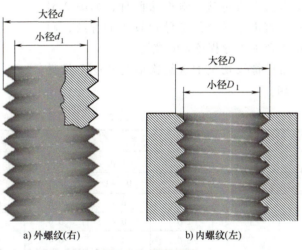

图2-46　螺纹直径

5）旋向。沿顺时针方向旋转时旋入的螺纹称为右旋螺纹，如图2-49所示；沿逆时针方向旋转时旋入的螺纹称为左旋螺纹，如图2-50所示。

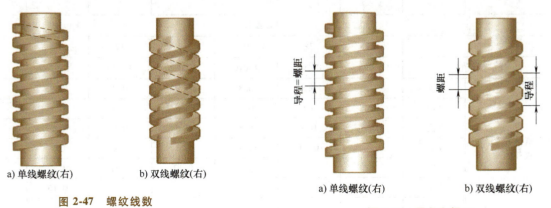

图2-47　螺纹线数　　　　　　　　　　　图2-48　导程和螺距

图 2-49 右旋螺纹

图 2-50 左旋螺纹

2. 螺纹加工问题

（1）螺纹的切削方法　由于螺纹加工属于成形加工，为了保证螺纹的导程，加工时主轴旋转一周，车刀的进给量必须等于螺纹的导程，进给量较大。另外，螺纹车刀的强度一般较差，故螺纹牙型往往不是一次加工而成的，需要多次进行切削，如想提高螺纹的表面质量，可增加几次光整加工。在数控车床上加工螺纹的方法有直进法、斜进法两种，如图 2-51 所示。直进法适合加工导程较小的螺纹，斜进法适合加工导程较大的螺纹。

常用螺纹切削的进给次数与背吃刀量见表 2-14。

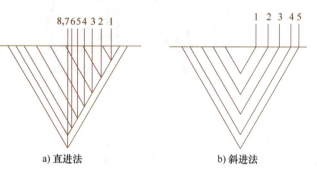
图 2-51 进刀方式

表 2-14　常用螺纹切削的进给次数与背吃刀量　　　　　　　　　（单位：mm）

	米制螺纹							
螺距		1.0	1.5	2	2.5	3	3.5	4
牙深（半径值）		0.649	0.974	1.299	1.624	1.949	2.273	2.598
切削次数及背吃刀量（直径值）	1次	0.7	0.8	0.9	1.0	1.2	1.5	1.5
	2次	0.4	0.6	0.6	0.7	0.7	0.7	0.8
	3次	0.2	0.4	0.6	0.6	0.6	0.6	0.6
	4次		0.16	0.4	0.4	0.4	0.6	0.6
	5次			0.1	0.4	0.4	0.4	0.4
	6次				0.15	0.4	0.4	0.4
	7次					0.2	0.2	0.4
	8次						0.15	0.3
	9次							0.2
寸制螺纹								
牙/in		24	18	16	14	12	10	8
牙深（半径值）		0.698	0.904	1.016	1.162	1.355	1.626	2.033
切削次数及背吃刀量（直径值）	1次	0.8	0.8	0.8	0.8	0.9	1.0	1.2
	2次	0.4	0.6	0.6	0.6	0.6	0.7	0.7
	3次	0.16	0.3	0.5	0.5	0.5	0.6	0.6
	4次		0.11	0.14	0.3	0.4	0.4	0.5
	5次				0.13	0.21	0.4	0.5
	6次						0.16	0.4
	7次							0.17

(2) 车螺纹前直径尺寸的确定　螺纹小径值 $d_1 = D_1 = d - 1.0825P$，其中 P 为螺纹的螺距。

1) 高速车削三角形外螺纹时，受车刀挤压后会使螺纹大径尺寸胀大，因此车螺纹前的外圆直径，应比螺纹大径小。当螺距为 1.5~3.5mm 时，外径一般可以小 0.15~0.25mm。

2) 车削三角形内螺纹时，因为车刀切削时的挤压作用，内孔直径会缩小（车削塑性材料较明显），所以车削内螺纹前的孔径（$D_孔$）应比内螺纹小径（D_1）略大些，又由于内螺纹加工后的实际顶径允许大于 D_1 的基本尺寸，因此实际生产中，普通螺纹在车内螺纹前的孔径尺寸可以用公式计算：车削塑性金属的内螺纹时，$D_孔 \approx d - P$；车削脆性金属的内螺纹时：$D_孔 \approx d - 1.05P$。

(3) 螺纹行程的确定　在数控车床上加工螺纹时，由于机床伺服系统本身具有滞后特性，会在螺纹起始段和停止段发生螺距不规则现象，也就是在开始车螺纹时有一个加速过程，结束前有一个减速过程，因此实际加工螺纹的长度 W 应包括切入 δ_1（空刀导入量）和切出 δ_2（空刀导出量）的行程量，其计算公式为：切入空刀行程量 $\delta_1 \geq 2 \times$ 导程；切出空刀行程量 $\delta_2 \geq (1~1.5) \times$ 导程，如图 2-52 所示。

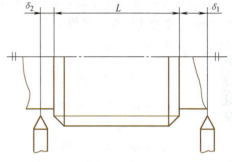

图 2-52　螺纹加工行程

3. 螺纹车刀安装及使用

1) 螺纹刀刀尖必须与工件回转中心保持等高，刀具伸出长度一般为 20~25mm（约为刀杆厚度的 1.5 倍），刀具刃磨后用对刀样板靠在工件轴线上进行对刀，保证刀尖角安装正确。如使用数控机夹刀具，由于刀杆制造精度高，一般只要把刀杆靠紧刀架的侧边即可。

2) 粗、精加工螺纹刀对刀时需设定某一点为基准点，然后采用通常方法对刀即可，在实际的对刀过程中，Z 轴对刀采用目测法。

3) 在螺纹加工中，如出现刀具磨损或者崩刀的现象，需重新刃磨刀具后对刀，只需把螺纹刀安装的位置与拆下前位置重合在一起，这等同于同一把车刀加工。

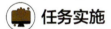 任务实施

一、工艺分析

1. 工件装夹方案的确定

用自定心卡盘装夹工件，找正夹持 φ50mm 的外圆，工件伸出卡盘长度为 60mm。

2. 工、量、刀具的确定

根据零件图样的加工内容和技术要求，填写工、量、刀具卡，见表 2-15。

表 2-15　工、量、刀具卡

类别	序号	名称	规格或型号	精度/mm	数量	备注
量具	1	游标卡尺	0~150mm	0.02	1	
	2	外径千分尺	25~50mm	0.01	1	
	3	螺纹千分尺	25~50mm	0.01	1	
	4	M40×1.5 螺纹环规			1	
刀具	5	三角形外螺纹车刀（T0404）	螺距 1.5mm		1	刀杆和机床匹配
辅具	6	常用工具、辅具	铜棒等		1	
	7	函数计算器			1	

3. 加工工艺方案的制订

压紧轴套的外圆、圆弧、螺纹退刀槽在前面的任务中均已完成，本任务只需要车螺纹，最后切断，

保证总长。切断和总长加工本任务中省略。

二、程序编制

1. 确定工件坐标系

选取工件右端面与轴线的交点作为工件坐标系原点。

2. 尺寸计算

螺纹规格：M40×1.5-6g。

螺纹大径：$D=40\text{mm}$

螺纹中径：$d_2=D_2=d-0.6495P=40\text{mm}-0.6495\times1.5\text{mm}=39.02575\text{mm}$。

螺纹小径：理论值为 $d_1=D_1=d-1.0825P$；经验值为 $d_1=D_1=d-(1.1\sim1.3)P=40\text{mm}-1.2\times1.5\text{mm}=38.2\text{mm}$（此处建议取中间值1.2）。

3. 参考程序

螺纹的数控车削加工参考程序

三、图形仿真（模拟软件技能训练）

1. 开机、回参考点

2. 程序输入

3. 装夹工件及刀具

螺纹的数控车削仿真加工

4. 手动对刀及参数设置

X、Z方向用试切法对刀，在刀具补正G04的形状页面中设置参数值。

5. 图形模拟仿真加工

自动运行，显示刀具运动轨迹和图形仿真加工，正确校验加工程序。

压紧轴套的自动加工（不含孔）

四、自动加工（机床实操技能训练）

1. 加工准备

1）检查工件尺寸。

2）开机，回参考点。

3）程序输入：把编写好的程序通过数控机床控制面板输入到数控机床。

4）工件装夹：用自定心卡盘装夹工件，找正夹持 $\phi 50\text{mm}$ 的外圆，工件伸出卡盘长度为60mm，夹紧工件。

5）刀具装夹：选用螺距1.5mm的外螺纹车刀并正确安装到刀架上。

2. 对刀操作

X轴采用试切法对刀，Z轴采用目测法对刀，在刀具补正G04的形状页面中设置参数值。

3. 程序校验

4. 自动加工

5. 螺纹尺寸精度控制

在螺纹加工中可以采用螺纹环规（通止规）来控制螺纹的尺寸，通过修改磨耗来控制螺纹的尺寸，保证通规能够通过，止规不能通过，这种方法操作起来比较简单，但是不能准确得出螺纹的尺寸，需要多次修改磨耗值。使用螺纹千分尺测量螺纹的中径值相对比较简单，将测量值和计算好的螺纹中径值进行比较后，将差值直接输入磨耗中即可。

6. 加工结束，清理机床

松开夹具，卸下工件，清理机床。

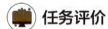 **任务评价**

螺纹的数控车削加工任务评价

请扫描二维码对本任务进行评价。

任务延伸

1. 简述螺纹车刀的安装方法和注意事项。
2. 在螺纹加工过程中如何保证螺纹的尺寸？
3. 加工完成的螺纹表面粗糙度值大和牙型不正确的原因有哪些？
4. 编制 M24×3（$P1.5mm$）和 M24×1.5 螺纹的加工程序有何不同？
5. 螺纹加工指令 G92 与 G76 各参数的含义是什么？
6. 编写图 2-53 所示的螺纹轴加工工艺与程序，螺纹程序使用 G92 和 G76 指令编写。

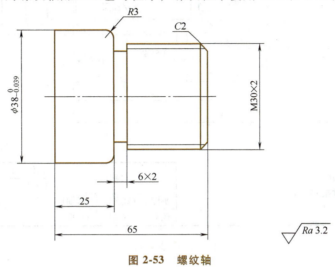

图 2-53　螺纹轴

任务五　孔的数控车削加工

任务目标

1. 掌握孔的数控加工方法，合理选择刀具与工艺参数编制加工工艺。
2. 会用 G90 指令正确编写孔的加工程序，完成模拟验证。
3. 掌握内孔车刀的装夹与对刀操作方法。
4. 正确使用内径千分尺或内径百分表等进行测量。
5. 掌握数控车床的操作方法，能按图样要求加工出合格产品。

任务描述

如图 2-54 所示，零件材料为 45 钢，毛坯尺寸为 $\phi50mm \times 55mm$ 的棒料，其切削性能较好，选用机夹式硬质合金内孔镗刀。该零件结构简单，要求镗削 $\phi24_{0}^{+0.033}$mm 与 $\phi30_{+0.02}^{+0.06}$mm 内孔，孔深为（40±0.05）mm，保证其尺寸精度。$\phi30mm$ 内孔表面粗糙度值为 $Ra1.6\mu m$，通过合理选用粗精加工刀具与其切削用量可以达到加工要求。

知识链接

一、编程指令

（1）功用、指令格式及参数说明　执行单一固定循环指令 G90，控制刀具以当前位置为循环起（终）点，依次完成径向进刀、切削进给、径向退刀、轴向返回。G90 指令主要用于轴（套）类零件

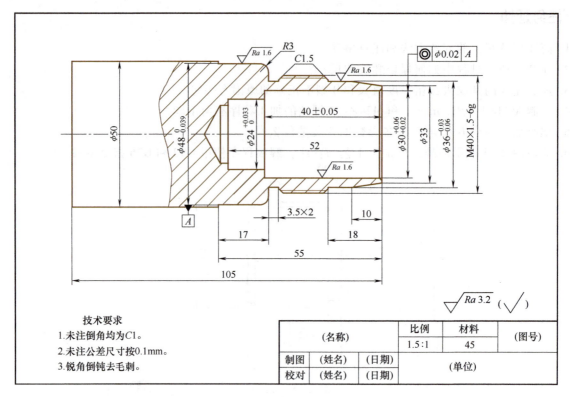

图 2-54 压紧轴套的孔加工

圆柱面、圆锥面的加工。

1）指令格式：G90 X（U）__ Z（W）__ （R）__ F __；

2）参数说明：

    X、Z——目标点的绝对坐标值。

    U、W——目标点坐标的相对坐标值。

    R——圆锥的起点与终点（目标点）的半径值，有正负号

    F——进给速度。

（2）运动轨迹　G90 指令运动轨迹如图 2-55 所示。刀具从循环起点 A 开始以 G00 方式径向移动至点 B，再以 G01 方式切削运动至目标点 C，然后以 G01 方式沿径向退刀至点 D，最后以 G00 方式快速返回循环起点 A，准备下一个循环动作。

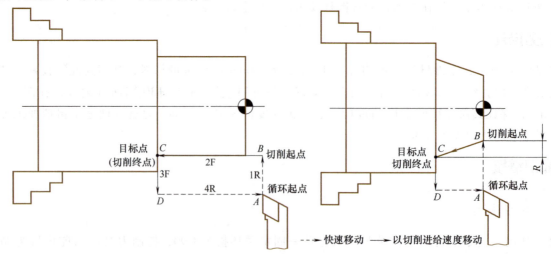

图 2-55　G90 指令运动轨迹

二、工艺知识

1. 孔加工方法

许多回转体零件（如齿轮、轴套、带轮等）不仅有外圆柱面，而且有内圆柱面。实际加工时应根据零件内结构尺寸以及技术要求，选择相应的工艺方法，根据孔的工艺要求，选择加工孔的方法，如图 2-56 所示。

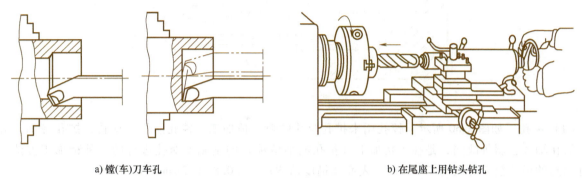

a) 镗(车)刀车孔　　　　　　　　　　b) 在尾座上用钻头钻孔

图 2-56　车床车孔的部分方式

在数控车床上常用的孔加工方法有钻孔、扩孔、铰孔、镗（车）孔等。通常情况下，数控车床能较方便地加工出尺寸公差等级为 IT7~IT9 的孔。孔的加工方法推荐见表 2-16。

表 2-16　孔的加工方法推荐表

孔的尺寸公差等级	有无预孔	孔尺寸/mm				
		0~12	12~20	20~30	30~60	60~80
IT9~IT11	无	钻—铰	钻—铰		钻—扩—镗(或铰)	
	有	①粗扩—精扩　②粗镗—精镗（余量少可一次性扩孔或镗孔）				
IT8	无	钻—扩—铰	钻—扩—精镗(或铰)		钻—扩—粗镗—精镗	
	有	粗镗—半精镗—精镗(或精铰)				
IT7	无	钻—粗铰—精铰	①钻—扩—粗铰—精铰　②钻—扩—粗镗—半精镗—精镗			
	有	粗镗—半精镗—精镗(如仍达不到精度,还可进一步采用精细镗)				

（1）钻孔　如图 2-57 所示，用钻头在工件实体部位加工孔称为钻孔。钻孔属粗加工，可达到的尺寸公差等级为 IT11~IT13，表面粗糙度值 Ra 为 6.3~25μm。

（2）扩孔　如图 2-58 所示，扩孔是用扩孔钻对已钻出的孔做进一步加工，以扩大孔径、提高精度和降低表面粗糙度值。由于扩孔时的加工余量较少和扩孔刀上导向块的作用，扩孔后的锥形误差较小，

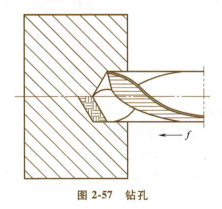

图 2-57　钻孔

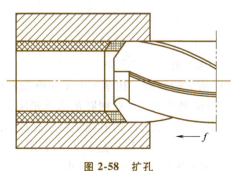

图 2-58　扩孔

孔径圆柱度和直线度都比较好。扩孔可达到的尺寸公差等级为 IT10~IT11，表面粗糙度值 Ra 为 6.3~12.5μm，属于孔的半精加工方法，常作为铰削前的预加工，也可作为精度不高的孔的终加工。

（3）铰孔　如图 2-59 所示，铰孔是在半精加工（扩孔或半精镗）的基础上对孔进行的一种精加工方法。铰孔的尺寸公差等级可达 IT6~IT9，表面粗糙度值 Ra 可达 0.2~3.2μm。

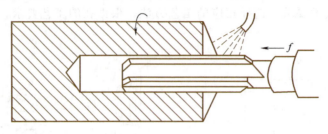

图 2-59　铰孔

（4）镗孔　如图 2-60 所示，镗孔用来扩孔及孔的粗、精加工。镗孔能修正钻孔、扩孔等加工方法造成的孔轴线歪斜等缺陷，是在半精加工（扩孔或半精镗）的基础上对孔进行的一种精加工方法。镗孔可达到的尺寸公差等级为 IT6~IT8，表面粗糙度值 Ra 可达 0.8~6.3μm。

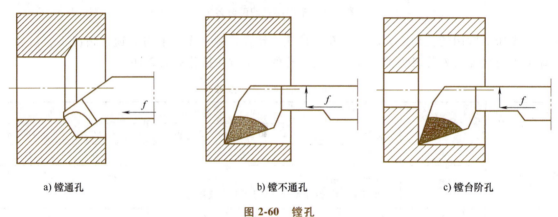

a) 镗通孔　　　　b) 镗不通孔　　　　c) 镗台阶孔

图 2-60　镗孔

2. 镗孔加工特点

内孔车（镗）刀（见图 2-61）在孔加工中可完成扩孔、镗孔、铰孔的精度加工要求。不同的刀尖角度可加工不同的内孔轮廓。其在水平刀架和斜床身刀架的安装方法如图 2-62 所示。

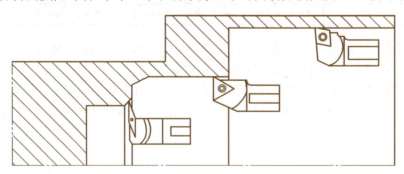

图 2-61　内孔车（镗）刀

3. 内孔刀具的装夹及对刀

（1）钻头的装夹　在车床上安装麻花钻的方法一般有四种。

1）用钻夹头安装。直柄麻花钻可先用钻夹头装夹，再插入车床尾座套筒内使用。

2）用钻套安装。锥柄麻花钻可直接插入尾座套筒内或通过变径套过渡使用。

3）用开缝套夹安装。这种方法利用开缝套夹将钻头（直柄钻头）安装在刀架上，如图 2-63a 所示，不使用车床尾座安装，可应用自动进给。

4)用专用工具安装。如图2-63b所示，锥柄钻头可以插在专用工具锥孔1中，专用工具块2夹在刀架中，调整好高低后可自动进给钻孔。

（2）钻头的对刀 如果使用机床尾座或手动钻孔时，则无须对刀。将钻头装入刀架采用自动钻孔时，也只需进行Z轴方向对刀即可，对刀方式采用碰刀法。

（3）内孔车刀的装夹 内孔车刀的装夹正确与否直接影响到车削加工情况及孔的精度，内孔车刀装好后，可在车孔前先在孔内试走刀一遍，检查有无碰撞现象，以确保安全。

图 2-62 内孔车（镗）刀在刀架上的安装方法

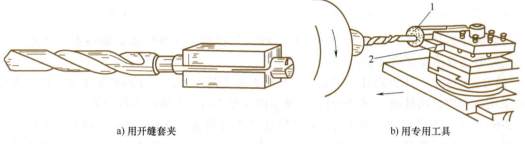

a) 用开缝套夹　　　　　　　　　b) 用专用工具

图 2-63 钻头在刀架上的安装
1—锥孔　2—块

1）内孔车刀安装角度。内孔车刀与外圆车刀相似，刀具的主偏角在93°~95°，如图2-64所示。如果选用规整的机夹式内孔车刀，主偏角度也可适当大些，装夹时以直接将刀杆紧贴着刀架的侧面安装，刀杆伸出的长度要大于要加工的内孔深度，一般比被加工孔长5~10mm。同时要注意刀杆的直径要小于工件底孔的直径。

2）内孔车刀对中心高。内孔车刀对工件的回转中心高，一般车孔刀刀柄与工件轴线应基本平行（见图2-65），刀尖跟工件回转中心等高或略高，这样可以避免因内孔车

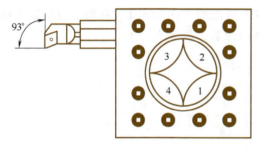

图 2-64 内孔车刀安装角度

刀产生扎刀现象而把孔镗大。对中心高时可以在未钻底孔之前将中心高先对好，如果底孔已经钻完，也可以通过对尾座顶尖法来对中心；如果内孔车刀的刀杆伸出长度较长且刀杆直径较小，考虑到切削变形，也可以将内孔车刀刀尖垫得比机床的回转中心高0.1~0.2mm。

3）内孔车刀伸出长度。为了增加车刀刚性，防止振动，刀杆伸出长度应尽可能短一些，一般比工件孔深长5~10mm。

4）内孔车刀试切校验。在镗（车）削内端面时要求横向有足够的退刀余地。为了确保镗孔安全，通常在镗孔前在孔内试走刀一遍，检查刀杆部分是否会触碰到内孔壁，以保证镗孔顺利进行，如图2-66所示。

（4）内孔车刀的对刀

1）Z轴方向的对刀。由于同一个工件在一道工序中通常工件原点只有一个，除了第一把基准车刀（通常选择外圆车刀），其他的车刀如果再去试切端面会造成Z轴工件原点不一致，因此内孔车刀在对Z轴时不能试切端面（试切法），只能通过触碰端面的方式（碰刀法）进行对刀。

如图2-67所示，手动启动主轴正转，调整转速（参考转速为300r/min）→通过手摇的方式移动工作台，控制内孔车刀刀尖正好触碰到工件的端面（注意内孔车刀靠近端面时手摇速度要慢，以刀尖正好刮出细微的切屑为宜）→使内孔车刀的刀尖正好处于Z轴的工件原点位置→MDI键盘的"OFF/SET"

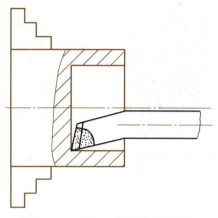
图 2-65 刀柄与工件轴线基本平行

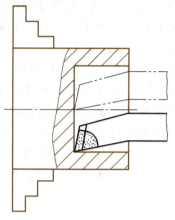
图 2-66 内孔车刀试切校验

功能中刀具形状补正刀具号 Z 轴输入 "Z0" 并 "测量" 设置工件坐标系 Z 轴零点（注意在输入 Z 轴工件原点坐标值之前不要移动 Z 轴）。

2）X 轴方向的对刀。工件内孔经过钻头钻孔后表面质量不大，尺寸测量不准确，因此内孔车刀在对 X 轴时采用试切内孔圆柱面（试切法），测量出内孔车刀对刀正确的测量数值。

如图 2-68 所示，手动启动主轴正转，调整转速（参考转速为 300r/min）→通过手摇的方式移动工作台，控制车刀试切零件的内孔（注意内孔的试切量为 1mm 左右，试切内孔的长度和手摇移动的进给速度）→内孔车刀在试切内孔时刀尖处于工件的内孔表面位置，这时刀尖正好与工件原点距离工件试切时内孔的直径值→将刀具沿 Z 轴正方向退出工件表面并停止主轴，使用量具测量试切内孔的直径值→MDI 键盘的 "OFF/SET" 功能中刀具形状补正刀具号 X 轴输入 "X 轴对刀直径值" 并 "测量" 设置工件坐标系 X 轴零点。

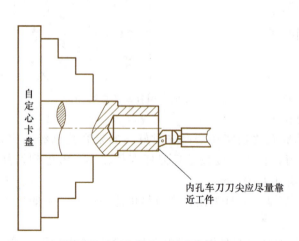
图 2-67 内孔车刀 Z 轴方向的对刀

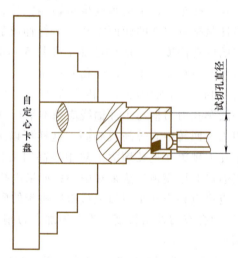
图 2-68 内孔车刀 X 轴方向的对刀

4. 内孔的测量

孔径尺寸精度要求较低时，可采用钢直尺、内卡钳或游标卡尺测量；尺寸精度要求较高时，可采用内测千分尺或内径百分表测量。标准孔还可以采用塞规测量。孔距尺寸可采用游标卡尺或游标深度卡尺测量。

（1）游标卡尺测量　游标卡尺测量孔径尺寸的方法如图 2-69 所示。测量时应注意尺身与工件端面平行，活动量爪沿圆周方向摆动，找到最大位置。

（2）内测千分尺测量　内测千分尺测量内孔的方法如图 2-70 所示。内径千分尺刻线方向和外径千分尺相反，当微分筒沿顺时针方向旋转时，活动测量爪向右移动，测量值增大。

（3）数显内卡钳测量　使用数显内卡钳（见图 2-71）测量时，应注意卡爪与工件端面平行，沿圆周方向摆动，找到最大位置。

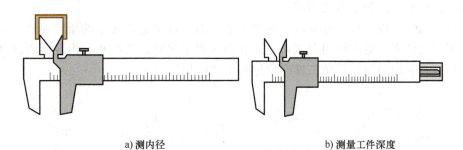

a) 测内径　　　　　　　　　　　　　　b) 测量工件深度

图 2-69　游标卡尺测量内孔的方法

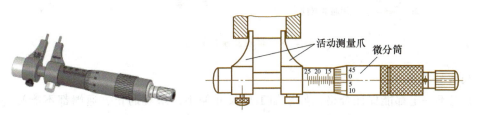

图 2-70　内测千分尺测量内孔的方法

（4）内径百分表测量　内径百分表由百分表和测架构成。测量前，先根据被测工件孔径大小更换固定测量头，用千分尺将内径百分表对准"零"位。内径百分表测量内孔的方法如图 2-72 所示，摆动百分表取最小值为孔径的实际尺寸。

图 2-71　数显内卡钳

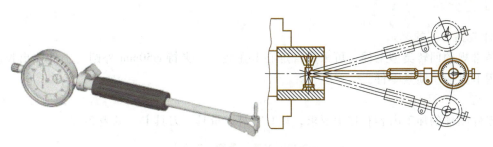

图 2-72　内径百分表测量内孔的方法

内径百分表的测量范围是由可换测头来确定的。内径百分表的分度值为 0.01mm，测量范围有 10~18mm、18~35mm、35~50mm、50~100mm、100~160mm 等。

（5）塞规测量　如图 2-73a 所示，塞规由通端和止端组成，通端按孔的最小极限尺寸制成，测量

a) 塞规　　　　　　　　　　　　　　b) 光滑环规

图 2-73　塞规与光滑环规

时应塞入孔内；止端按孔的最大极限尺寸制成，测量时不允许插入孔内，如图 2-74 所示。当通端能塞入孔内，而止端插不进去时，说明该孔尺寸合格。如图 2-73b 所示，光滑环规则用于测量轴的尺寸是否合格，测量方法与塞规的测量方法相同。

用塞规测量内孔时，应保持孔壁清洁，塞规不能倾斜，以防造成孔小的错觉而把孔径车大。在孔径小时，不能用塞规硬塞，更不能用力敲击。从孔内取出塞规时，要防止与内孔车刀碰撞。孔径温度较高时，不能用塞规立即测量，以防工件冷缩把塞规"咬住"。

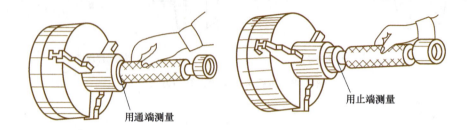

图 2-74 塞规测量内孔的方法

5. 内孔尺寸修正方法

内孔加工完不一定都能保证合格，如果加工后尺寸偏小，塞规的止、通端都不能旋进，则可以进行二次加工，保证内孔尺寸。具体操作方式如下：

1）用内测千分尺或内径百分表测量加工完成的内孔直径，记下尺寸超出数值，补偿值输入到"磨耗"页面中对应补偿的"X 值"中。

2）不改变转速、进给速度，再次精车内孔，保证加工尺寸的精确性。

3）再次测量内孔直径与长度，确保加工尺寸符合图样要求。

 任务实施

一、工艺分析

1. 工件装夹方案的确定

由于是常规的回转类型工件，可采用自定心卡盘装夹，夹持 ϕ50mm 外圆，工件伸出长度为 60mm 左右，使用卡盘扳手锁紧零件。

2. 工、量、刀具的确定

根据零件图样的加工内容和技术要求，填写工具、量具、刀具卡，见表 2-17。

表 2-17 工具、量具、刀具卡

类别	序号	名称	规格或型号	精度/mm	数量	备注
量具	1	游标卡尺	0~150mm	0.02	1	
	2	内测千分尺	0~25mm、25~50mm	0.01	各1	
刀具	3	麻花钻	ϕ20mm		1	钻套和机床匹配
	4	85°不通孔车刀	H16Q-SCLCR09		1	刀杆和机床匹配
辅具	5	常用工具、辅具	铜棒、卡盘扳手、刀架钥匙等		各1	
	6	函数计算器			1	

3. 加工工艺方案的制订

加工路线根据"先粗后精，工序集中"等原则，选择合理的切削用量。加工工序卡见表 2-18。

表 2-18 加工工序卡

工步	加工内容	刀具 名称	刀具 规格/mm	主轴转速 /(r/min)	进给量 /(mm/r)	背吃刀量 /mm
1	手动钻孔	麻花钻	φ20	400	—	—
2	粗车 φ24mm、φ30mm 内孔,留余量 0.2mm	85°内孔镗刀(T0303)	φ16	600	0.2	1.5
3	精车 φ24mm、φ30mm 内孔	85°内孔镗刀(T0404)	φ16	1200	0.1	0.2
4	去毛刺	—	—	—	—	—
5	工件精度检测	—	—	—	—	—

二、程序编制

1. 确定工件坐标系

选择零件右端面正中心处作为工件坐标系原点,如图 2-75 所示。

2. 基点计算

如图 2-75 所示,内孔精加工路线从点 A→B→C→D→E→F,后退刀结束。内孔加工各基点坐标见表 2-19。

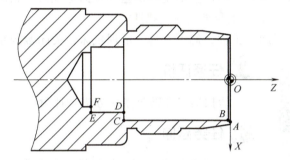

图 2-75 工件坐标系及原点

表 2-19 内孔加工各基点坐标

基点	坐标(X,Z)	基点	坐标(X,Z)
A	(32,0)	D	(24,-40)
B	(30,-1)	E	(24,-52)
C	(30,-40)	F	(20,-52)

3. 参考程序

三、图形仿真（模拟软件技能训练）

1. 开机、回参考点
2. 程序输入
3. 装夹工件及刀具（软件上选用 75°镗刀）
4. 手动对刀及参数设置

X、Z 方向用试切法对刀,并把操作得到的零偏值输入到形状界面中的 G03/G04 指令位置寄存器中。

5. 图形模拟仿真加工

四、自动加工（机床实操技能训练）

1. 加工准备

1）检查工件尺寸。
2）开机,回参考点。
3）程序输入：把编写好的程序通过数控机床控制面板输入数控机床。
4）工件装夹：使用数控车床自定心卡盘装夹 φ50mm×105mm 工件,伸出长度为 60mm,粗校零件,控制工件径向圆跳动 0.02mm,夹紧工件。

孔的数控车削加工参考程序

孔的数控车削仿真加工

压紧轴套孔的自动加工

5）刀具装夹：一号刀位装夹 φ16mm 85°镗孔粗车刀，二号刀装夹 φ16mm 85°镗孔精车刀（装夹注意刀具伸出长度与中心高）。

2. 对刀操作

X、Z 方向均采用试切法对刀，并把操作得到的零偏值输入到形状界面中的 G03/G04 指令位置寄存器中。

3. 程序校验

4. 自动加工

5. 工件尺寸精度控制

内孔加工中，采用粗精加工分开原则，给精加工留有余量的同时，要充分浇注切削液，便于散热，减少热胀冷缩产生的变形误差，从而保证尺寸精度。

6. 加工结束，清理机床

卸下工件，卸下刀具，清理机床，关闭数控系统电源，关闭机床总电源。

孔的数控车削加工任务评价

任务评价

请扫描二维码对本任务进行评价。

任务延伸

1. 镗孔加工中圆度的测量主要有哪些方式？
2. 镗孔呈椭圆形的主要原因有哪些？
3. 内孔加工方式有几种？切削参数如何确定？
4. 镗孔加工时如何降低表面粗糙度值？
5. 编写图 2-76 所示的台阶孔加工工艺与程序。

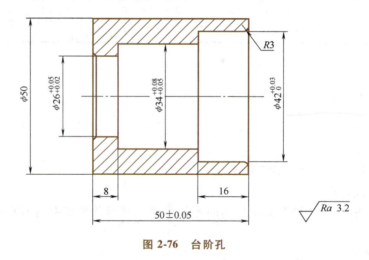

图 2-76 台阶孔

项目二 综合件的数控车削加工

项目目标

1. 掌握综合件的数控车削加工方法，并能根据零件图合理选择刀具、设置工艺参数、编制加工工艺。
2. 会用 G71、G72、G73、G70 指令编写综合件的加工程序，完成模拟验证。
3. 正确使用测量工具进行测量，能根据测量结果修改磨耗并保证加工精度。

4. 掌握数控车床的操作方法，能按图样要求加工出合格产品。

素养目标

通过识读零件图样，提高学生独立操作和分析问题的能力，提升规范操作的习惯和安全责任意识。

项目描述

如图 2-77 所示，综合件主要包括圆柱、圆弧、圆锥、直槽、梯形槽、螺纹等。零件材料为 45 钢，规格 $\phi50mm \times 105mm$。加工需要使用到外圆车刀、车槽刀和外螺纹车刀。该零件的加工工艺路线如图 2-78 所示。

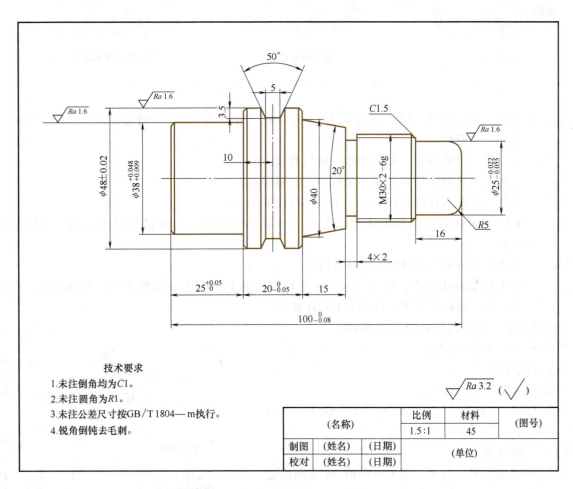

图 2-77 综合件

项目链接

复合固定循环编程指令

1. 内外径粗加工循环指令（G71）

（1）指令格式

G71 U（ΔD）__ R（E）__；

G71 P（ns）__ Q（nf）__ U（ΔU）__ W（ΔW）__ F（F）__ S（S）__ T（T）__；

（2）参数说明

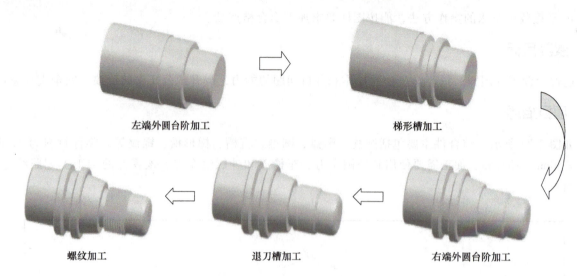

图 2-78　综合件的加工工艺路线图

ΔD——切深，无正负号。切入方向由 AA′方向决定（半径指定）。该指定是模态的，一直到下次指定前均有效。

E——退刀量，是模态值，在下次指定前均有效。

ns——精加工形状程序段群的第一个程序段的顺序号。

nf——精加工形状程序段群的最后一个程序段的顺序号。

ΔU——X 轴方向精加工余量的距离及方向（直径/半径指定），外径车削为正值，内径车削为负值。

ΔW——Z 轴方向精加工余量的距离及方向。

F、S、T——在 G71 循环指令中，顺序号 ns～nf 程序段中的 F、S、T 功能都无效，全部忽略，仅在有 G71 指令的程序段中，F、S、T 是有效的。

G71 循环指令进给路径如图 2-79 所示。

2. 端面循环指令（G72）

（1）指令格式

G72 W(ΔD)＿ R(ΔE)＿;

G72 P(ns)＿ Q(nf)＿ U(ΔU)＿ W(ΔW)＿ F(F)＿ S(S)＿ T(T)＿;

（2）参数说明

ΔD——切深，无正负号。切入方向由 AA′方向确定。

ΔE——退刀量。

ns——精加工形状程序段的第一个程序段的程序段号。

nf——精加工形状程序段的最后一个程序段的程序段号。

ΔU——X 轴方向精加工余量的距离和方向。

ΔW——Z 轴方向精加工余量的距离和方向。

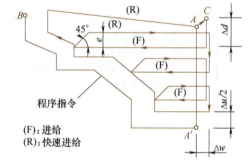

图 2-79　G71 循环指令进给路径

F、S、T——在 G72 循环指令中，顺序号 ns～nf 程序段中的 F、S、T 功能都无效，全部忽略，仅在有 G72 指令的程序段中，F、S、T 是有效的。

G72 循环指令进给路径如图 2-80 所示。

3. 封闭循环指令（G73）

封闭循环可以按同一轨迹重复切削，每次切削刀具向前移动一次，因此可以高效率地加工锻造、铸造等粗加工已初步形成的毛坯。

（1）指令格式

G73 U(ΔI)__ W(ΔK)__ R(D)__;

G73 P(ns)__ Q(nf)__ U(ΔU)__ W(ΔW)__ F(F)__ S(S)__ T(T)__;

（2）参数说明

　　ΔI——X 轴方向的退刀距离及方向（半径指定）。这个指定是模态的，直到下次指定前均有效。

　　ΔK——Z 轴方向的退刀距离及方向。这个指定是模态的，直到下次指定之前均有效。

　　D——分割次数，它等于粗加工次数。该指定是模态的，直到下次指定前均有效。

　　ns——构成精加工形状的程序段群的第一个程序段的顺序号。

　　nf——构成精加工形状的程序段群的最后一个程序段的顺序号。

　　ΔU——X 轴方向的精加工余量（直径/半径指定）。

　　ΔW——Z 轴方向的精加工余量。

F、S、T——在 ns~nf 程序段上的 F、S、T 功能均无效，仅在 G73 指令中指定的 F、S、T 功能有效。

G73 循环指令进给路径如图 2-81 所示。

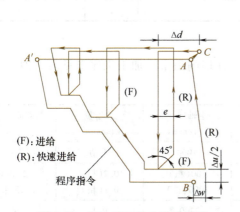

图 2-80　G72 循环指令进给路径

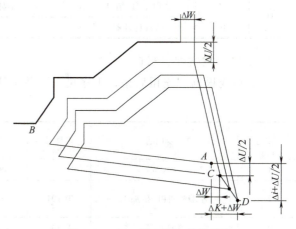

图 2-81　G73 循环指令进给路径

4. 精加工循环指令（G70）

（1）指令格式

G70 P(ns)__ Q(nf)__;

（2）参数说明

ns——精加工形状程序段的第一个程序段号。

nf——精加工形状程序段的最后一个程序段号。

项目实施

一、工艺分析

1. 工件装夹方案的确定

1）夹紧毛坯，毛坯伸出长度为 52mm。

2）加工左端外轮廓至 φ48×46mm。

3）加工梯形槽。

4）调头装夹，车削加工控制总长。

5）装夹 φ38mm 外圆，卡爪端面顶紧 φ48mm 左端端面。

6）粗、精加工工件右端外轮廓至 φ40×53mm。

7）车退刀槽。

8) 加工 M30×2 螺纹。

2. 工、量、刀具的确定

根据零件图样的加工内容和技术要求，填写工具、量具、刀具卡，见表 2-20。

表 2-20 工具、量具、刀具卡

类别	序号	名称	规格或型号	精度/mm	数量	备注
量具	1	游标卡尺	0~150mm	0.02	1	
	2	外径千分尺	0~25mm、25~50mm	0.01	各1	
	3	外径千分尺	50~75mm	0.01	各1	
	4	螺纹千分尺	25~50mm	0.01	1	
	5	M30×2-6g 螺纹环规			1副	
刀具	6	外圆车刀	90°		1	刀杆和机床匹配
	7	车槽刀	4mm		1	刀杆和机床匹配
	8	外螺纹车刀	60°		1	刀杆和机床匹配
辅具	9	常用工具、辅具	铜棒等		1	
	10	函数计算器			1	

3. 加工工艺方案的制订

加工路线根据"先粗后精，工序集中"等原则，合理选择切削用量。加工工序卡见表 2-21。

表 2-21 加工工序卡

工步号	工步内容	刀具号	刀具规格	主轴转速 /(r/min)	进给量 /(mm/r)	背吃刀量 /mm
1	平端面		外圆车刀	1000	手动	—
2	左端外圆粗、精加工	T0101	外圆车刀	600（粗）1000（精）	0.2（粗）0.1（精）	2（粗）0.25（精）
3	车梯形槽	T0303	4mm 车槽刀	400	0.1	4
4	调头，控制总长	T0101	外圆车刀	1000	手动	—
5	右端外圆粗、精加工	T0101	外圆车刀	600（粗）1000（精）	0.2（粗）0.1（精）	2（粗）0.25（精）
6	车槽	T0303	4mm 车槽刀	400	0.1	4
7	加工螺纹	T0404	60°	800	2	1.3
8	工件精度检测					

二、程序编制

1. 确定工件坐标系

以工件右端面与主轴的交点作为编程原点建立工件坐标系。

2. 基点计算

（1）梯形槽顶端坐标计算 作辅助线 BC、AC 如图 2-82 所示，$\triangle ABC$ 为直角三角形，运用三角函数求未知边。

$$\tan 25° = \frac{BC}{AC} = 0.466$$

$AC = 3.5\text{mm}$，$BC = 1.632\text{mm}$

梯形槽左端点坐标为（48，-30.868），右端点坐标为（48，-39.132）

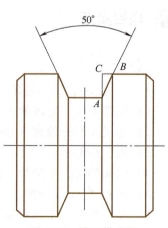

图 2-82 梯形槽坐标

（2）螺纹尺寸计算

1）螺纹大径 $d = 29.85$ mm。

2）螺纹小径 d_1。

理论值：$d_1 = D_1 = d - 1.0825P = 30$ mm $- 1.0825 \times 2$ mm $= 27.835$ mm。

经验值：$d_1 = D_1 = d - 1.2P = 30$ mm $- 1.2 \times 2$ mm $= 27.6$ mm。

3）螺纹中径 $d_2 = D_2 = d - 0.6495P = 30$ mm $- 0.6495 \times 2$ mm $= 28.701$ mm。

3. 参考程序

三、图形仿真（模拟软件技能训练）

1. 开机、回参考点

2. 程序输入

3. 装夹工件及刀具

4. 手动对刀及参数设置

X、Z 方向用试切法对刀，在刀具补正 G01/G02/G03/G04 的形状页面中分别设置刀具对应的参数值。

5. 图形模拟仿真加工

综合件的数控车削加工参考程序

综合件的数控车削仿真加工

四、自动加工（机床实操技能训练）

1. 加工准备

1）检查毛坯尺寸。

2）开机，回参考点。

3）程序输入：把编写好的程序通过数控机床控制面板输入到数控机床。

4）工件装夹：用自定心卡盘装夹工件并夹紧。

5）刀具装夹：将外圆车刀、车槽刀、外螺纹车刀正确安装到刀架对应的刀位上。

综合件的数控车削自动加工

2. 对刀操作

X、Z 方向用试切法对刀，在刀具补正 G01/G02/G03/G04 的形状页面中分别设置刀具对应的参数值。

3. 程序校验

4. 自动加工

5. 注意事项

1）调头加工工件时，工件的装夹部位为已加工表面，注意做好保护措施，以防夹伤已加工表面。

2）合理选择刀具以及切削用量，以提高工件的加工质量。

6. 结束加工，清理机床

卸下工件，卸下刀具，清理机床，关闭数控系统电源，关闭机床总电源。

项目评价

请扫描二维码对本项目进行评价。

综合件的数控车削加工项目评价

项目延伸

1. 简述复合固定循环编程指令 G71 的各参数含义。

2. 简述复合固定循环编程指令 G72 的各参数含义。

3. 简述复合固定循环编程指令 G73 的各参数含义。

4. 复合固定循环编程指令 G71、G72、G73 分别用于加工什么样的零件？
5. 简述 G71 与 G73 指令的异同。
6. 编写图 2-83 所示的综合件加工工艺与程序。

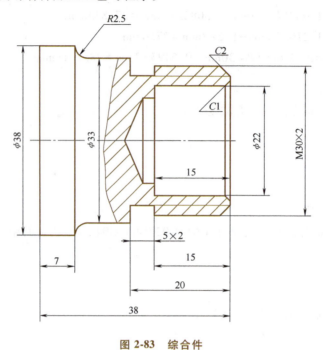

图 2-83　综合件

项目三　数控车削加工自动编程

项目目标

1. 了解数控车床自动编程的内容与步骤。
2. 掌握线框功能区各命令的操作方法。
3. 学会分析零件的加工工艺要求并正确创建刀具。
4. 会用外轮廓加工、外沟槽加工、内轮廓加工等刀路进行编程加工。
5. 会用 MasterCAM 软件对零件进行自动编程，达到能加工实际生产中较复杂零件的水平。

素养目标

通过自动编程的学习，养成主动探索新方法解决实际问题的能力。

项目描述

如图 2-84 所示，材料为 45 钢，毛坯尺寸为 φ55×68mm。零件由外轮廓、沟槽、内轮廓等组成，无复杂曲线结构，比较符合二维加工特点。可通过车削模块实现加工过程，无须进行曲面或实体的建模。

项目链接

MasterCAM 软件是由美国 CNC Software 公司研制开发的基于微机的 CAD/CAM 一体化软件，它集二维绘图、三维实体、曲面设计、数控编程、刀具路径模拟及真实感模拟等功能于一体。

MasterCAM 软件自 1984 年发布最早版本以来，不断进行改进，其功能日益完善，得到了众多用户

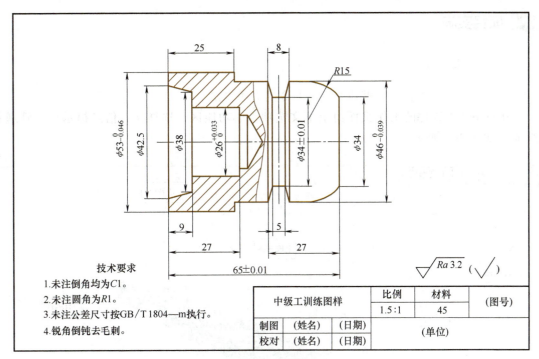

图 2-84 中级工实例（1）

的好评。该软件可以辅助用户完成产品从设计到制造的全过程，数控加工编程的功能特别显著。它以优良的性价比、常规的硬件要求、灵活的操作方式、稳定的运行效果、易学易用的操作方法等特点，成为国内外制造软件中应用最广泛的 CAD/CAM 集成软件之一。该软件主要应用于机械、电子、汽车、航空等行业，特别是在模具制造业中应用最广。

MasterCAM 软件包括设计（CAD）和制造（CAM）两大部分。软件的设计部分可以构建二维或三维图形，架构自由曲面；制造部分可直接在点、线、面和实体上产生刀路。

（1）设计部分　设计部分（CAD）主要用于加工产品的形状设计，包括二维绘图、三维绘图和图形编辑功能。通过这些功能可以更方便地完成各种二维平面绘图和复杂的三维产品造型，模具设计等绘图工作，以及尺寸标注、图案填充等工作。同时，设计模块也提供了多种创建规则曲面和复杂曲面的方法。

（2）制造部分　制造部分（CAM）是对设计出来的产品图形进行加工制造。加工时需设置好要使用的刀具，只要材料与运动的刀具发生干涉就会被去除掉，因此产品的形状决定了刀具的运动路径。制造部分包括铣削模块（Mill）、车削模块（Lathe）、线切割模块（Wire）和雕刻模块（Router），每一个模块都各有特点，加工出来的形状也各不相同。

1）铣削模块主要用于铣削加工刀具路径生成。它拥有多重曲面的粗加工、自动清角、去除残料、2~5 轴的联动加工等多种加工方式，还内置了 HSM 高速机械加工模块，紧跟现代加工技术的发展。

2）车削模块主要用于车削加工刀具路径生成。它包括粗加工、精加工、钻孔、螺纹及各种切削循环指令等功能，其中的实体切削仿真模拟功能可迅速排除加工中可能出现的失误。

3）线切割模块主要用于线切割加工刀具路径生成。它可使编程人员更容易地完成各种加工零件的数控加工程序，还拥有支持镭射加工机床功能和 4 轴上下面异形零件的线切割功能。

4）雕刻模块主要用于生成雕刻面。它可以根据简单的二维艺术图形快速生成复杂的雕刻面。

MasterCAM 软件能够接受来自包括 UG（Siemens NX）、Creo、CATIA、Cimatron、SolidWorks、AutoCAD 等常见的二维或三维文件格式，能完成从二维设计到三维设计及 CAM 编程的技术过程，适合于各种数控系统的机床。

数控车削加工自动编程

项目实施

一、准备工作

1. MasterCAM 软件线框功能区各命令的调用方法

MasterCAM 软件的工作页面由上下文选项卡、功能区、选择条、信息提示栏、管理器、绘图区等组成，如图 2-85 所示。

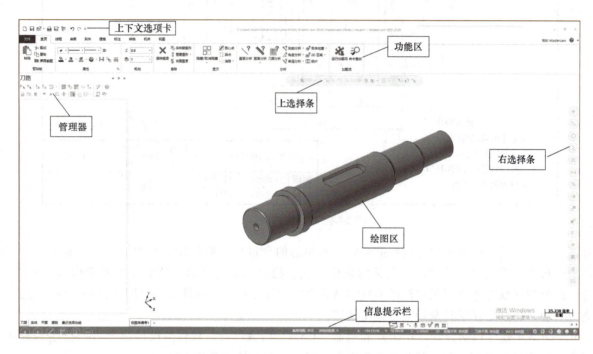

图 2-85　MasterCAM 2020 软件的工作页面

（1）上下文选项卡　上下文选项卡提供快捷操作命令，可以定制上下文选项卡，将常用的命令放置在其中。

（2）功能区　功能区集合了 MasterCAM 软件所有的设计与加工功能指令。根据设计需求，功能区中放置了从草图设计到视图控制的命令选项卡，如【主页】选项卡、【线框】选项卡、【曲面】选项卡、【视图】选项卡、【建模】选项卡、【标注】选项卡、【转换】选项卡、【机床】选项卡及【视图】选项卡等。

2. 线框功能区各命令

（1）绘制直线　MasterCAM 软件提供了多种绘制直线的工具，全部放置在【线框】选项卡的【绘线】面板中，如图 2-86 所示。

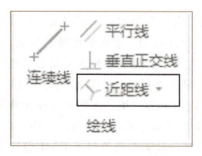 

图 2-86　绘制直线

（2）绘制圆/圆弧　MasterCAM 软件提供了多种绘制圆/圆弧的工具，这些工具在【线框】选项卡的【圆弧】面板中。图 2-87 所示为由圆和圆弧构成的图形，它全部采用圆/圆弧命令绘制。

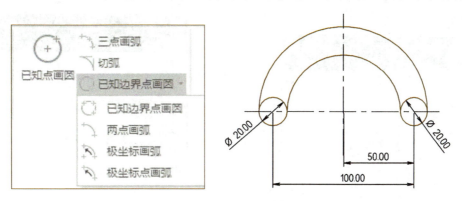

图 2-87　绘制圆/圆弧

（3）图素倒圆角　图素倒圆角命令是在两条曲线的交叉处剪裁掉尖角部分，从而生成一个切线弧。在【修剪】面板中，单击【图素倒圆角】按钮，弹出【图素倒圆角】对话框，如图 2-88 所示。

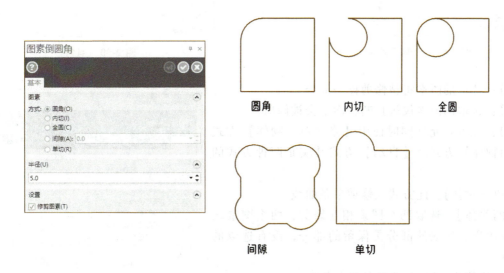

图 2-88　图素倒圆角

（4）串连倒圆角　串连倒圆角命令可对几何图形中的尖角部分进行自动倒圆角。在【修剪】面板中，单击【串连倒圆角】按钮，弹出【串连倒圆角】对话框，如图 2-89 所示。

【全部】：将对所选的串连曲线全部倒圆角。

【顺时针】：将对所选的串连曲线形成的凸角倒圆角。

【逆时针】：将对所选的串连曲线形成的凹角倒圆角。

（5）倒角　倒角命令可对几何图形中的尖角部分进行倒斜角处理。在【修剪】面板中，单击【倒角】按钮，弹出【倒角】对话框，如图 2-90 所示。

【距离 1】：以【距离 1】方式创建斜角时，输入倒角距离。

【距离 2】：以【距离 2】方式创建斜角时，【距离 1】和【距离 2】的值可以相同，也可以不同。

【距离和角度】：以【距离和角度】方式创建斜角时，确定单边距离和角度。

【宽度】：以【宽度】方式创建斜角时，输入斜边宽度值。

（6）修剪到图素　修剪到图素工具采用一条边界来修剪一个图素，选取的部分保留，没有选取的部分被删除，先选中的物体是要被修剪的物体，后选中的物体是用来修剪的工具。在【修剪】面板中，单击【修剪到图素】按钮，弹出【修剪到图素】对话框，如图 2-91 所示。

图 2-89 串连倒圆角

图 2-90 倒角

【修剪】：选取的图素将被修剪掉一部分。

【打断】：选取的图素仅被打断，而不会被修剪。

【自动】：此方式允许同时使用【修剪单一物体】方式和【修剪两物体】方式。【自动】方式其实是两种方式的切换应用。

【修剪单一物体】：此方式仅修剪单条曲线。

【修剪两物体】：选取两个图素相互修剪，两个图素之间相互作为边界，选取的部分是保留的部分，没有选取的部分被修剪。

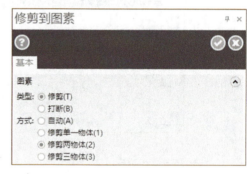

图 2-91 修剪到图素

【修剪三物体】：选取三个物体进行修剪。

二、编程加工

1. 利用 MasterCAM 软件完成外圆加工

（1）刀具参数的设置

1）完成外圆车刀刀杆参数的设置，如图 2-92 所示。

2）完成外圆车刀参数的设置，如图 2-93 所示。

（2）外圆粗加工刀路　利用车削加工指令加工图 2-84 所示零件。根据零件图样和毛坯情况确定工艺方案及加工路线。对于本例的轴类零件，选取轴线作为工艺基准。粗加工外圆，可采用阶梯切削路线。操作步骤如下：

1）在【车床-车削】上下文选项卡的【标准】面板中单击【粗车】按钮 ，弹出【线框串连】对话框，如图 2-94 所示。单击【部分串连】按钮 ，选取要车削的轮廓曲线，如图 2-95 所示。

2）弹出【粗车】对话框，在【刀具参数】选项卡中选择外圆车刀【T0101R0.8 OD ROUGH RIGHT-80】，设置车削【进给速率】为【0.3】，【主轴转速】为【1000】，如图 2-96 所示。

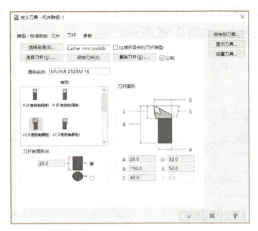

图 2-92　外圆车刀刀杆参数设置

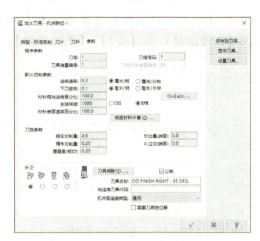

图 2-93　外圆车刀参数设置

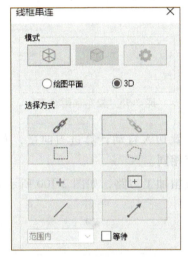

图 2-94　【线框串联】对话框

图 2-95　选择轮廓曲线

3) 在【刀具参数】选项卡中选中【参考点】复选框，弹出【参考点】对话框，如图 2-97 所示。选中【进入】复选框，输入进刀点坐标值为（50，100）；选中【退出】复选框，输入进刀点坐标值为（50，100）。单击【确定】按钮 ，完成参考点设置。

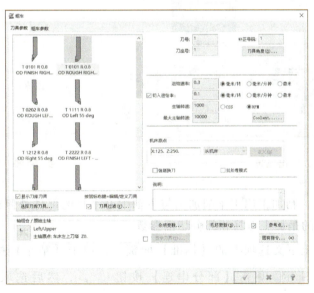

图 2-96　刀具参数设置

4) 在【粗车】对话框的【粗车参数】选项卡中，设置【切削深度】为【1】，【X预留量】为【0.2】，【Z预留量】为【0.1】，【毛坯识别】为【剩余毛坯】，如图2-98所示。

图2-97　参考点设置　　　　　　　　　　图2-98　粗车参数设置

5) 在【切入/切出设置】对话框的【切入】选项卡中，设置切入自动计算进刀向量，【最小向量长度】为【1】，如图2-99所示。【切出】与【切入】设置内容相同。

6) 粗加工参数设置完成后，单击【确定】按钮 ✓ 生成粗加工刀路，如图2-100所示。

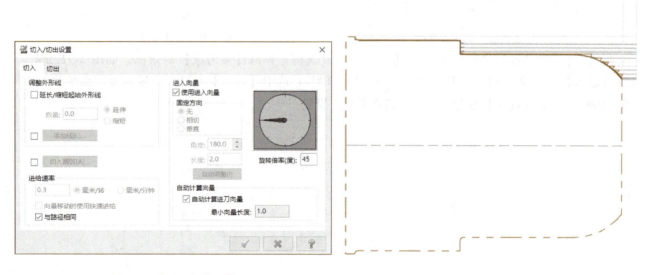

图2-99　切入/切出设置　　　　　　　　　图2-100　粗加工刀路

(3) 外圆精加工刀路　精加工用于车削加工与主轴中心平行的部件外侧残料。精加工与粗加工的加工操作是相同的，不同的是加工刀具和部分切削参数。

1) 在【车床-车削】上下文选项卡的【标准】面板中，单击【精车】按钮 ，弹出【线框串连】对话框，如图2-101所示。单击【部分串连】按钮 ，然后选取要车削的轮廓曲线，如图2-102所示。

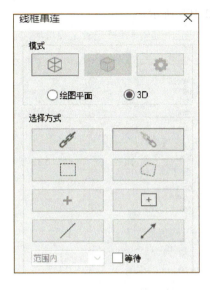

图 2-101 线框串连　　　　　　　图 2-102 选择轮廓曲线

2）弹出【精车】对话框,在【刀具参数】选项卡中选择外圆车刀【T0202 R0.4 OD FINISH RIGHT-35DEG】,设置车削【进给速率】为【0.1】,【主轴转速】为【1200】,如图 2-103 所示。

3）在【刀具参数】选项卡中选中【参考点】复选框,弹出【参考点】对话框,如图 2-104 所示。选中【进入】复选框,输入进刀点坐标值为(50,100)。选中【退出】复选框,输入进刀点坐标值为(50,100)。单击【确定】按钮 ，完成参考点设置。

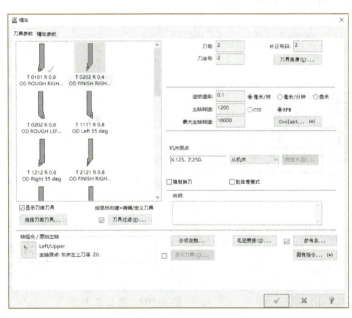

图 2-103 刀具参数设置　　　　　　　图 2-104 参考点设置

4）在【精车】对话框的【精车参数】选项卡中,设置精加工参数,如图 2-105 所示。

5）在【切入/切出设置】对话框的【切入】选项卡中,设置切入自动计算进刀向量,【最小向量长度】为【1】。【切出】与【切入】设置内容相同,如图 2-106 所示。

6）精加工参数设置完成后,单击【确定】按钮 生成精加工刀路,如图 2-107 所示。

2. 利用 MasterCAM 软件完成外沟槽加工

（1）刀具参数设置

1）在【刀标】选项卡中完成外槽车刀刀杆参数的设置，如图 2-108 所示。

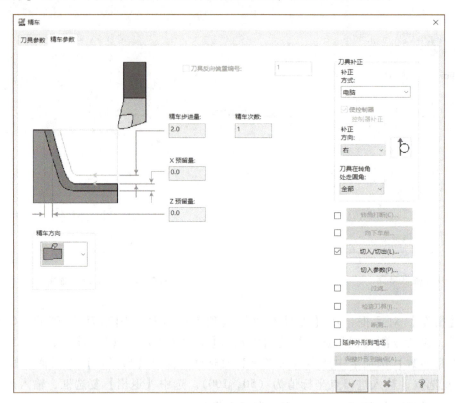

图 2-105　精车参数设置

图 2-106　切入/切出设置

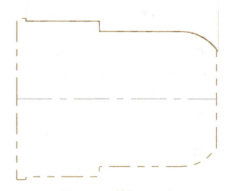

图 2-107　精加工刀路

2）在【参数】选项卡中完成外槽车刀参数的设置，如图 2-109 所示。

（2）外沟槽粗加工刀路　利用沟槽粗加工车削加工指令加工图 2-84 所示的零件。根据零件图样和毛坯情况确定工艺方案及加工路线。本例加工的零件以轴线作为工艺基准，粗加工外沟槽可采用直进法切削路线。具体操作步骤如下：

1）在【车床-车削】上下文选项卡的【标准】面板中单击【沟槽】按钮 ，弹出【沟槽选项】对话框如图 2-110 所示，选中【串连】单选按钮，然后选取 V 形槽线框进行串连，如图 2-111 所示。

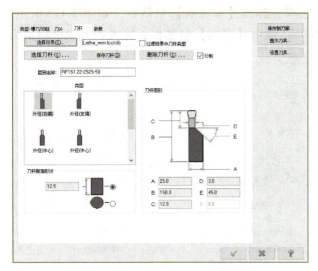

图 2-108　外槽车刀刀杆参数设置

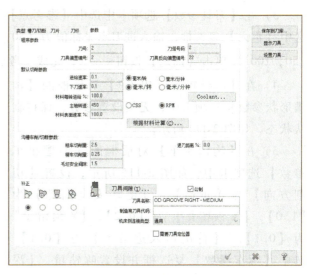

图 2-109　外槽车刀参数设置

图 2-110　"沟槽选项"对话框

图 2-111　选择轮廓曲线

2）弹出【沟槽粗车】对话框，在【刀具参数】选项卡中选择外槽车刀【T0202 R0.3 W4. OD GROOVE RIGHT-MEDIUM】，设置车削【进给速率】为【0.1】，【主轴转速】为【500】，如图 2-112 所示。

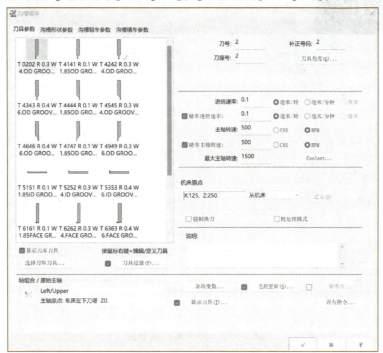

图 2-112　刀具参数设置

3）在【刀具参数】选项卡中选中【参考点】复选框，弹出【参考点】对话框，如图 2-113 所示。选中【进入】复选框，输入进刀点坐标值为（50，100）；选中【退出】复选框，输入退刀点坐标值为（50，100）。单击【确定】按钮 ✓ ，完成参考点设置。

4）在【沟槽粗车（串连）】对话框的【沟槽形状参数】选项卡中，无须设置参数，保持默认状态，如图 2-114 所示。

5）在【沟槽粗车】对话框的【沟槽粗车参数】选项卡中，如图 2-115 所示，设置【切削方向】为【正向】，【毛坯安全间隙】为【1.0】，【X 预留量】为【0.2】，【Z 预留量】为【0.1】，【首次切入进给率】为【0.1】，选中【啄车参数】复选框并设置啄钻量，【深度】为【1.5】，选中【使用退出移位】复选框并选中【增量坐标】单选按钮，设置【退出量】为【0.5】，单击【确定】按钮 ✓ ，

图 2-113 参考点设置

如图 2-116 所示，完成啄车参数设置。单击【沟槽粗车参数】选项卡的【确定】按钮 ✓ ，完成外沟槽粗加工参数设置。

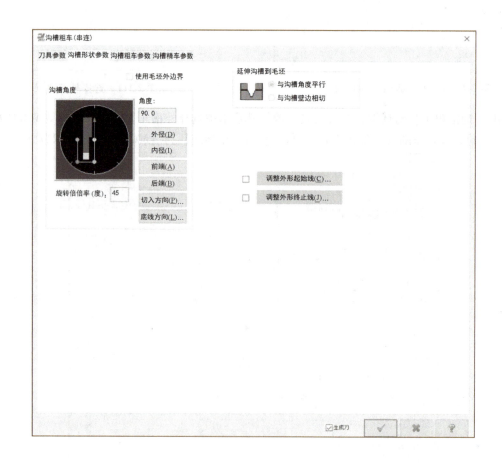

图 2-114 外沟槽形状参数

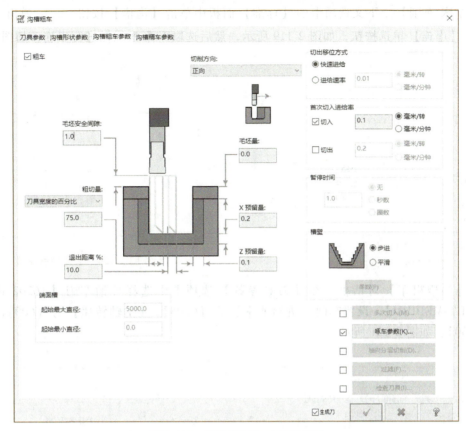

图 2-115　外沟槽粗加工参数设置

6）单击【沟槽精车参数】选项卡，关闭默认【精修】复选按钮，如图 2-117 所示。

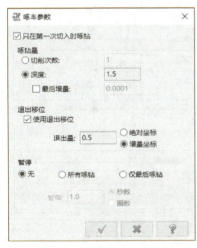

图 2-116　啄车参数设置

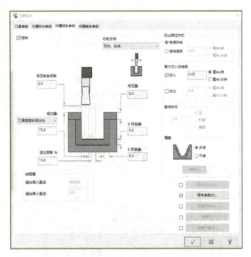

图 2-117　沟槽精修参数设置

7）外沟槽粗加工参数设置完成后单击【确定】按钮　　　，生成外沟槽粗加工刀路，如图 2-118 所示。

（3）外沟槽精加工刀路　精加工用于车削加工与主轴中心平行的部件外侧残料，精加工与粗加工的加工操作是相同的，不同的是加工刀具和部分切削参数。

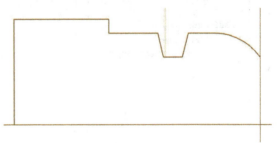

图 2-118　外沟槽粗加工刀路

1）在【车床-车削】上下文选项卡的【标准】面板中单击【沟槽】按钮 ⬚，弹出【沟槽选项】对话框。选中【串连】单选按钮，如图2-119所示，然后选取V形槽线框进行串连，如图2-120所示。

图 2-119　线框串连

图 2-120　选择轮廓曲线

2）弹出【沟槽粗车】对话框，在【刀具参数】选项卡中选择外槽车刀【T0202 R0.3 W4.0D GROOVE RIGHT-MEDIUM】，设置车削【进给速率】为【0.05】，【主轴转速】为【600】，【最大主轴转速】为【700】，如图2-121所示。

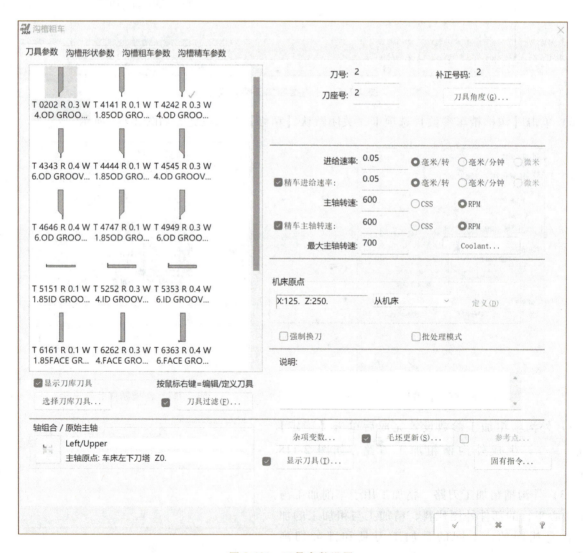

图 2-121　刀具参数设置

3）在【刀具参数】选项卡中选中【参考点】复选框，弹出【参考点】对话框。如图 2-122 所示，选中【进入】复选框，输入进刀点坐标值为（50，100）；选中【退出】复选框，输入退刀点坐标值为（50，100）。单击【确定】按钮 ✓ ，完成参考点设置。

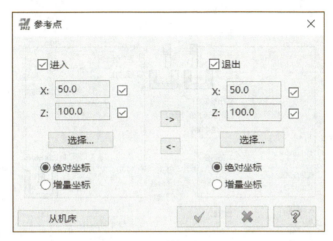

图 2-122　参考点设置

4）在【沟槽粗车】对话框的【沟槽粗车参数】选项卡中，取消选中【粗车】复选框如图 2-123 所示。

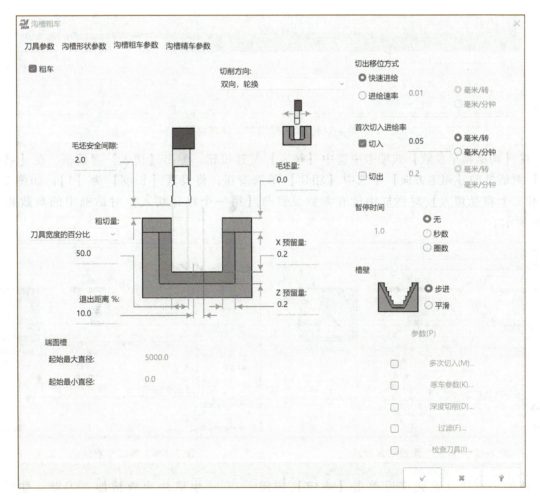

图 2-123　外沟槽粗加工参数设置

5）在【沟槽粗车】对话框的【沟槽精车参数】选项卡中选中【精修】复选框，如图 2-124 所示。

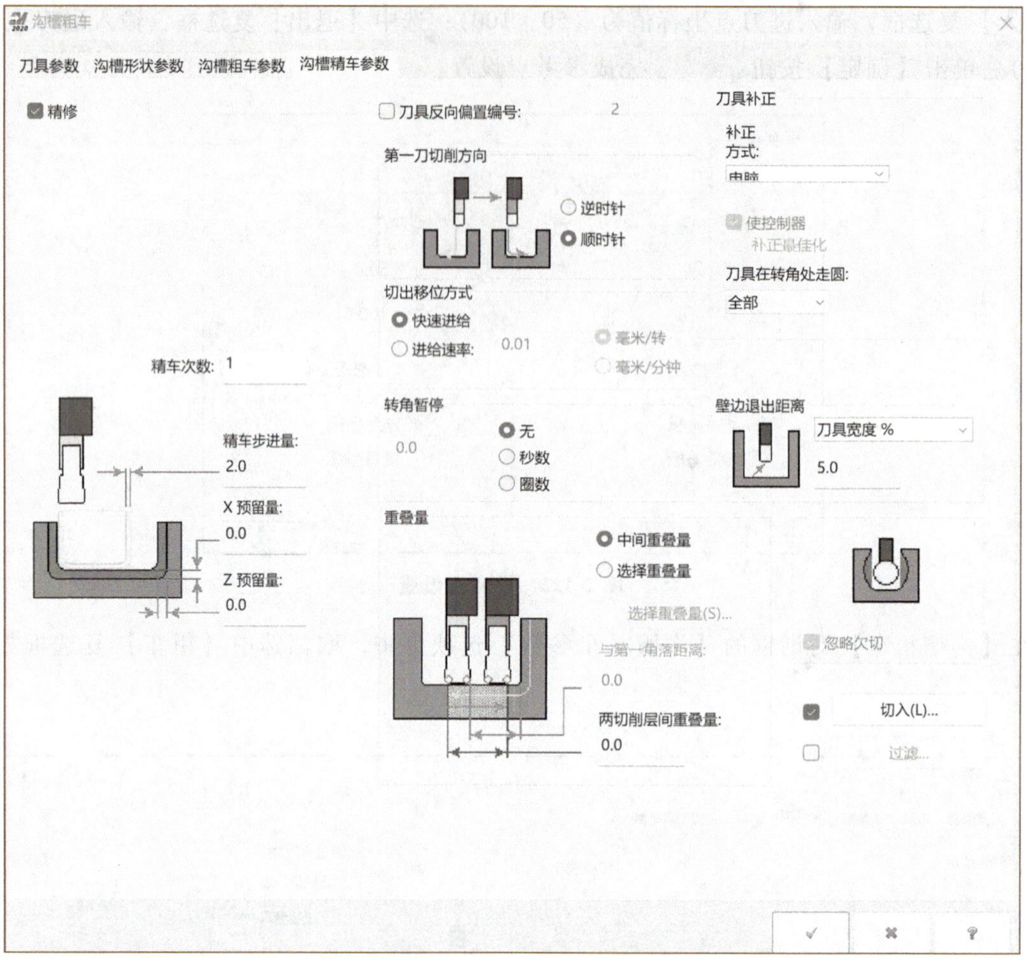

图 2-124 外沟槽精加工参数设置

6）在【沟槽精车参数】选项卡中选中【切入】复选按钮，弹出【切入】对话框，在【第一个路径切入】对话框的【固定方向】中选中【相切】单选按钮，将设置【长度】为【1】，如图 2-125 所示。【第二个路径切入】对话框中所有参数设置与【第一个路径切入】对话框中的参数相同，如图 2-126 所示。

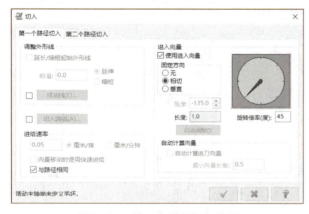

图 2-125 第一个路径切入设置

图 2-126 第二个路径切入设置

7）精加工参数设置完成后单击【确定】按钮，生成外沟槽精加工刀路，如图 2-127 所示。

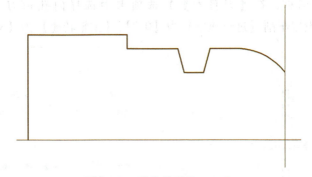

图 2-127 外沟槽精加工刀路

3. 利用 MasterCAM 软件完成内孔轮廓加工

（1）刀具参数设置　完成内孔车刀刀杆参数的设置，如图 2-128 所示。完成内孔车刀参数的设置，如图 2-129 所示。

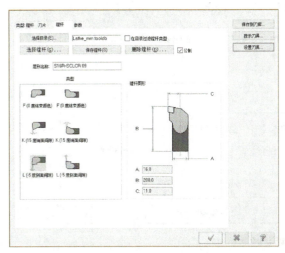

图 2-128　内孔车刀刀杆参数设置

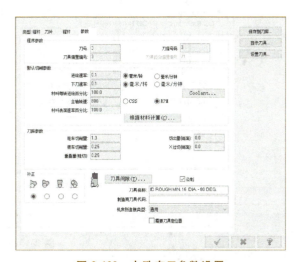

图 2-129　内孔车刀参数设置

（2）内孔粗加工刀路　利用粗加工车削加工指令加工图 2-84 所示零件。根据零件图样和毛坯情况确定工艺方案及加工路线。本例加工的零件以轴线作为工艺基准，粗加工内孔可采用阶梯切削路线。具体操作步骤如下：

1）在【车床-车削】上下文选项卡的【标准】面板中单击【粗车】按钮，弹出【线框串连】对话框，如图 2-130 所示。单击【串连】按钮，然后选取要车削的轮廓曲线，如图 2-131 所示。

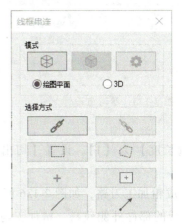

图 2-130　线框串连

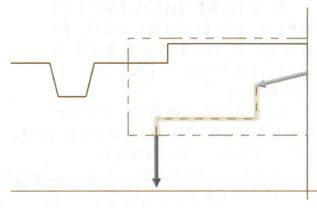

图 2-131　选择轮廓曲线

2）弹出【粗车】对话框，在【刀具参数】选项卡中选择内孔镗刀【T0303 R0.4 ID ROUGH MIN.16.DIA.-80 DEG】，设置车削【进给速率】为【0.2】，【主轴转速】为【800】，如图2-132所示。

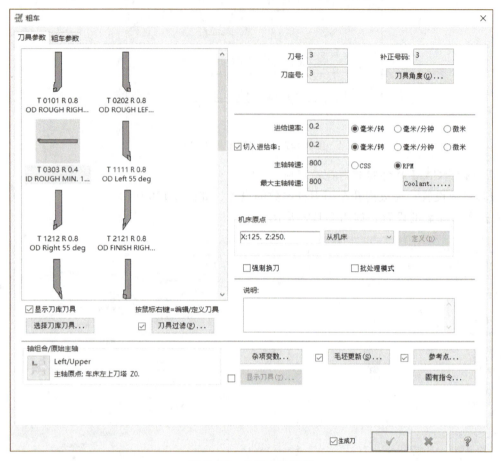

图 2-132　刀具参数设置

3）在【刀具参数】选项卡中选中【参考点】复选框，弹出【参考点】对话框，如图2-133所示。选中【进入】复选框，输入进刀点坐标值为（100，100）；选中【退出】复选框，输入进刀点坐标值为（100，100）。单击【确定】按钮，完成参考点设置。

4）在【粗车】对话框的【粗车参数】选项卡中，设置【切削深度】为【1】，【X预留量】为【0.2】，【Z预留量】为【0.1】，【毛坯识别】为【剩余毛坯】，如图2-134所示。

图 2-133　参考点设置

5）在【切入/切出设置】对话框的【切入】选项卡中，设置切入自动计算进刀向量，【最小向量长度】为【1】。设置【切出】参数与【切入】参数相同，如图2-135所示。

6）粗加工参数设置完成后，单击【确定】按钮，生成粗加工刀路，如图2-136所示。

（3）内孔精加工刀路　精加工用于车削加工与主轴中心平行的部件外侧残料。精加工与粗加工的加工操作是相同的，不同的是加工刀具和部分切削参数。

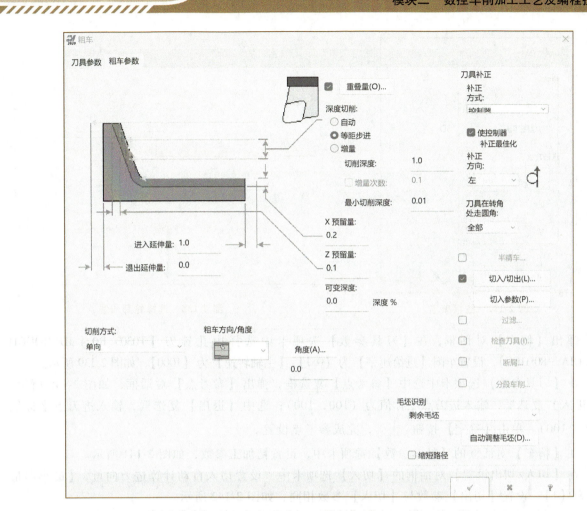

图 2-134 粗车参数设置

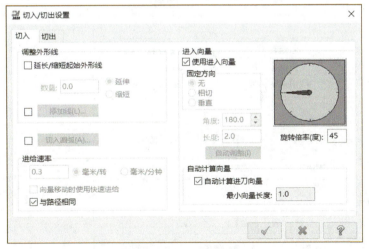

图 2-135 切入/切出设置

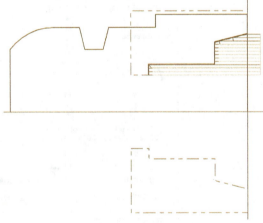

图 2-136 粗加工刀路

1）在【车床-车削】上下文选项卡的【标准】面板中，单击【精车】按钮 ，弹出【线框串连】对话框，如图 2-137 所示。单击【串连】按钮 ，然后选取要车削的轮廓曲线，如图 2-138 所示。

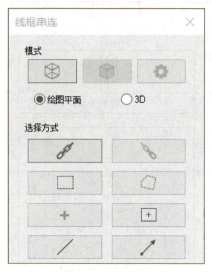

图 2-137 线框串连

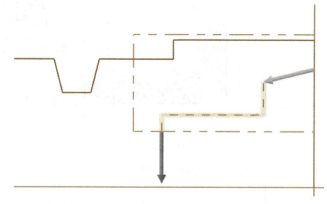

图 2-138 选择轮廓曲线

2）弹出【精车】对话框，在【刀具参数】选项卡中选择内孔镗刀【T0303 R0.4 ID ROUGH MIN.16.DIA.-80 DEG】，设置车削【进给速率】为【0.1】，【主轴转速】为【1000】，如图 2-139 所示。

3）在【刀具参数】选项卡中选中【参考点】复选框，弹出【参考点】对话框，如图 2-140 所示。选中【进入】复选框，输入进刀点坐标值为（100，100）；选中【退出】复选框，输入进刀点坐标值为（100，100）。单击【确定】按钮，完成参考点设置。

4）在【精车】对话框的【精车参数】选项卡中，设置精加工参数，如图 2-141 所示。

5）在【切入/切出设置】对话框的【切入】选项卡中，设置切入自动计算进刀向量，【最小向量长度】为【1】。设置【切出】参数与【切入】参数相同，如图 2-142 所示。

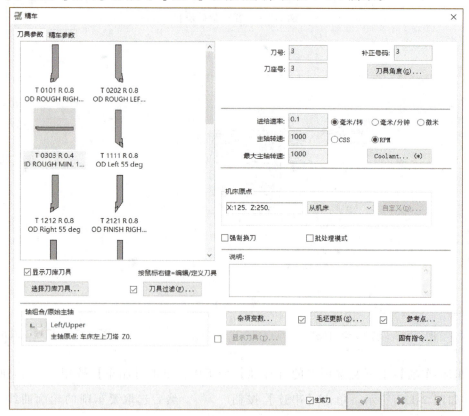

图 2-139 刀具参数设置

图 2-140　参考点设置

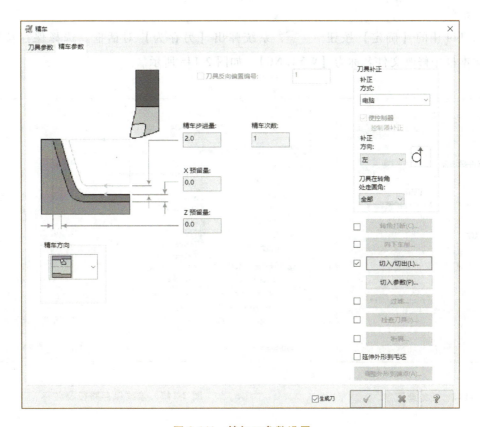

图 2-141　精加工参数设置

6）精加工参数设置完成后单击【确定】按钮　　，生成内孔精加工刀路，如图 2-143 所示。

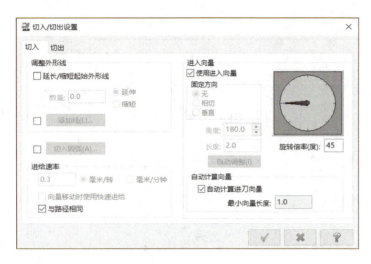
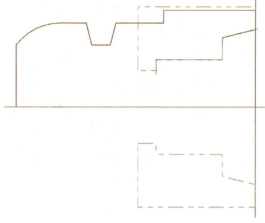

图 2-142　切入/切出设置　　　　　　　图 2-143　内孔精加工刀路

三、程序后处理

1. 操作管理器

选择操作管理器中的粗加工刀具路径，选择【机床】→【G1 生成】（或单击操作管理器中的后处理快捷图标 G1）命令，弹出【后处理程序】对话框，如图 2-144 所示。

2. 保存程序

单击图 2-144 中的【确定】按钮 ✓，系统弹出【另存为】对话框。选择保存位置，然后在【文件名】文本框中修改文件名称为【WY1.NC】，如图 2-145 所示。

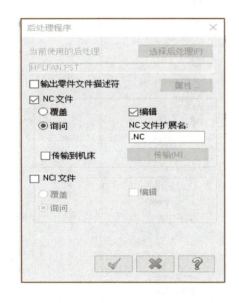

图 2-144　后处理程序　　　　　　　　图 2-145　修改保存路径及名称

单击【保存】按钮，完成程序的保存并弹出自动生成的程序，如图 2-146 所示。同理，将剩余刀路执行后处理，然后分别命名并保存好文件。

模块二　数控车削加工工艺及编程技术训练

图 2-146　生成程序

项目评价

请扫描二维码对本项目进行评价。

数控车削加工自动编程项目评价

项目延伸

1. 画圆的方法有哪几种？
2. 补正分为哪两种？
3. 串连倒圆角有哪几种方式？
4. MasterCAM 基本实体有哪些？
5. 简述动态粗加工与普通粗加工各自的优势。
6. 完成图 2-147 所示零件的编程及加工。

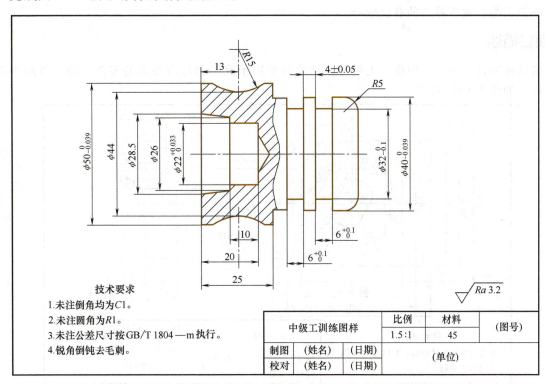

图 2-147　中级工实例（2）

模块三

数控铣削/加工中心加工工艺及编程技术训练

项目一　凸模的数控铣削加工

项目目标

1. 学会分析零件图样，能根据零件图样合理选择刀具、设置工艺参数、编制加工工艺路线。
2. 掌握 G 代码、M 代码功能。
3. 掌握工件坐标系的设定方法及对刀操作方法。
4. 正确使用测量工具控制工件尺寸。

素养目标

通过对企业产品的分析、编程、加工及检测，进一步培养学生的质量意识、协作意识，实现知识学习、技能训练、素质养成的有机融合。

项目描述

凸模又称冲针、冲头、阳模、上模等，是模具中用于成型制品内表面的零件，即以外形为工作表面的零件，如图 3-1 所示。

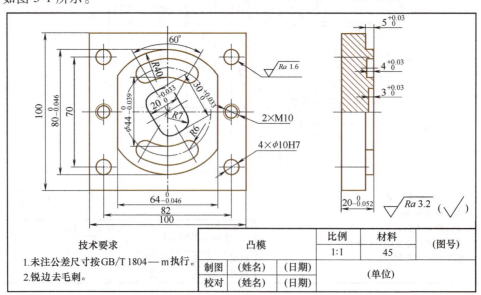

图 3-1　凸模

本项目的凸模零件主要包含平面、外轮廓、槽与型腔的铣削加工以及孔加工等内容，并达到以下要求：几何公差等级为 IT8；表面粗糙度值为 $Ra3.2\mu m$。凸模的加工工艺路线如图 3-2 所示。

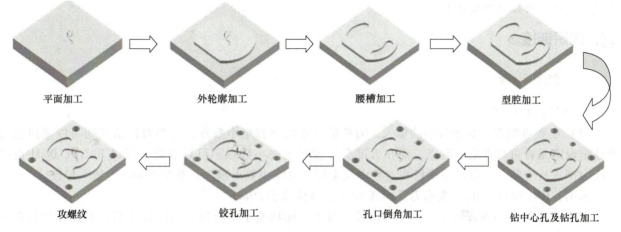

图 3-2　凸模的加工工艺路线图

任务一　平面的数控铣削加工

任务目标

1. 掌握平面的数控铣削加工方法，合理选择刀具与工艺参数编制加工工艺。
2. 会用 G00、G01 指令编制平面铣削数控加工程序。
3. 掌握仿真软件的使用方法，并完成模拟验证。
4. 学会用 G54 指令建立工件坐标系，初步了解数控铣床/加工中心的对刀操作方法。
5. 掌握数控铣床/加工中心的操作方法，能按图样要求加工出合格的产品。

任务描述

如图 3-3 所示，零件材料为 45 钢，其切削性能较好，可以选用高速钢铣刀或硬质合金铣刀。该零

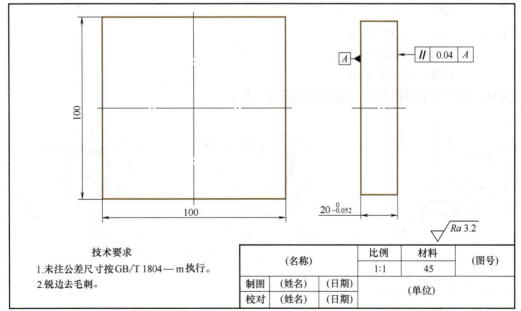

图 3-3　凸模的平面加工

件结构简单，要求对尺寸为 100mm×100mm 的毛坯的上下大平面进行铣削，保证其厚度为 $20_{-0.052}^{0}$，平行度公差为 0.04mm，要求较高，可以平面 A 作为定位基准来加工上表面。表面粗糙度值为 $Ra3.2\mu m$，通过铣削加工可以达到要求。

 知识链接

一、编程指令

1. 数控编程规则

（1）小数点编程　对于数字的输入，有些数控系统可省略小数点，有些数控系统则可以通过系统参数来设定是否可以省略小数点，而在大部分数控系统中小数点不可以省略。现以 FANUC-0i M 数控系统为例进行介绍，该数控系统已在参数中设定可以省略小数点输入，数字以 mm 为输入单位。

示例：G91 G00 X20；（表示刀具向 X 轴正方向移动了 20mm。）

（2）米制及寸制编程指令（G21、G20）　对于坐标功能字是使用米制还是寸制，大部分数控系统是使用准备功能指令来选择的，即采用 G20 和 G21 指令进行米制和寸制的切换。

1）指令格式：G20 _____；
　　　　　　　G21 _____；

2）参数说明：G20——英制输入方式。
　　　　　　　G21——公制输入方式。

G20 和 G21 属于同组代码，系统默认的是 G21。

G20 或 G21 指令一般编在程序的开头，在设定坐标系之前，以单独程序段指定，也可以加在程序段的开始处。米、寸制切换对角度数据的单位没有影响。

3）示例：G20 G01 X100 F40；（表示刀具向 X 轴正方向移动 100in。）
　　　　　G21 G01 X100 F40；（表示刀具向 X 轴正方向移动 100mm。）

注：米制与寸制的换算关系为 $1mm \approx 0.0394in$，$1in \approx 25.4mm$。

（3）平面选择指令（G17、G18、G19）　当机床坐标系及工件坐标系确定后，也就相应地确定了三个坐标平面，如图 3-4 所示，可以分别用 G17、G18、G19 指令选择加工平面。

1）指令格式：G17 _____；
　　　　　　　G18 _____；
　　　　　　　G19 _____；

2）参数说明：G17——XOY 平面。
　　　　　　　G18——XOZ 平面。
　　　　　　　G19——YOZ 平面。

G17、G18、G19 属于同组代码，系统默认的是 G17。

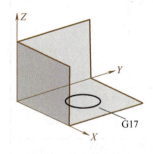 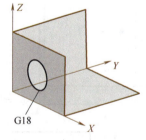 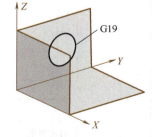

图 3-4　平面设定

（4）绝对坐标与增量坐标指令（G90、G91）

1）指令格式：G90 _____；

G91 _____ ；

2）参数说明：G90——绝对坐标，在程序中坐标功能字（X、Y、Z）后面的坐标是以工件原点作为基准的，表示刀具终点的绝对坐标。

G91——增量坐标，在程序中坐标功能字（X、Y、Z）后面的坐标是以刀具起点作为基准的，表示刀具终点相对于刀具起点坐标值的增量。

3）示例：①如图 3-5 所示，用 G90 指令编程的程序段为
AB：G90 G01 X10 Y10 F100；
BC：G01 X10 Y30；
② 如图 3-5 所示，用 G91 指令编程的程序段为
AB：G91 G01 X-20 Y-10 F100；
BC：G01 X0 Y20；
（5）每分进给与每转进给方式指令（G94、G95）
1）指令格式：G94 _____ ；
G95 _____ ；

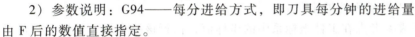

图 3-5 图形轨迹（1）

2）参数说明：G94——每分进给方式，即刀具每分钟的进给量由 F 后的数值直接指定。

G95——每转进给方式，即主轴每转刀具的进给量由 F 后的数值直接指定。
G94 与 G95 都是模态代码，G94 与 G95 可相互注销，系统默认 G94 方式。

2. 与插补相关的编程指令

（1）快速定位指令（G00）
1）指令格式：G00 X __ Y __ Z __；
2）参数说明：刀具以快速移动的速度移动到有绝对或增量指令指定的位置。X、Y/Z——刀具目标点的坐标。刀具进给速度由系统参数设定。
3）示例：如图 3-6 所示，快速移动轨迹 $O \to B \to A \to C \to D$ 的程序段依次为
OB：G00 X10 Y10；
BA：G00 X30 Y10；
AC：G00 X10 Y30；
CD：G00 X0 Y30；

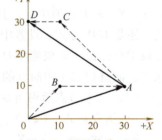

图 3-6 图形轨迹（2）

（2）直线插补指令（G01）
1）指令格式：G01 X __ Y __ Z __ F __；
2）参数说明：刀具以 F 指定的速度沿直线移动到指定位置。X、Y、Z——刀具目标点坐标。绝对方式时，是刀具终点的绝对坐标值；增量方式时，是目标点相对于前一点的增量坐标。不运动的坐标可省略。

F——刀具切削的进给速度，F 中指定的进给速度一直有效，直到指定新值。

3）示例：如图 3-7 所示，切削运动轨迹 CD 的程序段为
CD：G01 X0 Y20 F100；

3. 零点偏置指令（G54~G59、G53）

工件加工时使用的坐标系称作工件坐标系。工件坐标系一般通过对刀操作及对机床面板的操作来完成。通过输入不同的零点偏置数值，可以设置 G54~G59 指令共六个不同的工件坐标系。在编程和加工过程中可以通过 G54~G59 指令对不同的工件坐标系进行选择。一个加工程序可以选择一个工件坐标系，也可以选择多个工件坐标系。根据加工需要，操作人员可以从设定的工件坐标系中任意选择。G54~G59 均为模态代码，系统默认

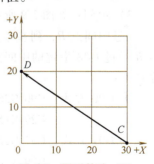

图 3-7 图形轨迹（3）

G54 坐标系，如图 3-8 所示。

1) 指令格式：G54/G55/G56/G57/G58/G59 ＿＿＿＿＿；
　　　　　　　G53 ＿＿＿＿＿；

2) 参数说明：G54～G59——在程序中设定工件坐标系。

G53——在程序中取消工件坐标系设定，即选择机床坐标系。

4. 返回参考点指令（G27、G28、G29）

对于机床回参考点操作，除可以采用手动返回参考点的操作，还可以通过编辑指令来自动实现。在 FANUC 系列数控系统中常见的返回参考点相关的编程指令为 G27、G28、G29 指令，这三种指令均为非模态指令。

（1）返回参考点检验指令（G27）

1) 指令格式：G27 X ＿＿ Y ＿＿ Z ＿＿；

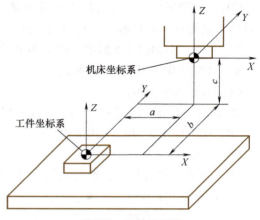

图 3-8　工件坐标系

2) 参数说明：该指令可以检验刀具是否能够定位到参考点上，指令中 X、Y、Z 分别代表参考点在工件坐标系中的坐标值，执行该指令后，如果刀具可以定位到参考点上，则相应轴的参考点指示灯就点亮。在刀具补偿方式中使用该指令，刀具到达的位置是加上补偿量的位置，此时刀具将不能到达参考点，因而指示灯也不亮，因此执行该指令前应先取消刀具补偿。

假如不要求每次执行程序时都执行返回参考点的操作，应在该指令前加上"/"（表示程序跳跃），以便在不需要校验时跳过该程序段。

（2）返回参考点指令（G28）

1) 指令格式：G28 X ＿＿ Y ＿＿ Z ＿＿；

2) 参数说明：该指令使刀具以点位方式经中间点快速返回到参考点，中间点的位置由该指令后面的 X、Y、Z 坐标值决定，其坐标值可以用绝对值，也可以用增量值，但这要取决于采用的是 G90 方式，还是 G91 方式。设置中间点是为防止刀具返回参考点时与工件或夹具发生干涉。为了安全，在执行该指令之前，应该清除刀尖圆弧半径补偿和刀具长度补偿。在 G28 程序段中，不仅记忆移动指令坐标值，而且记忆了中间点的坐标值。

（3）从参考点返回指令（G29）

1) 指令格式：G29 X ＿＿ Y ＿＿ Z ＿＿；

2) 参数说明：X、Y、Z 为返回的终点坐标。G29 指令可使所有编程轴快速经过由 G28 指令定义的中间点，然后快速到达指定点。通常 G29 指令紧跟在 G28 指令之后。X、Y、Z 在 G90 方式时，为定位终点在工件坐标系中的坐标；在 G91 方式时，为定位终点相对于 G28 定义的中间点的位移量。G29 指令仅在其被规定的程序段中有效。

3) 示例：如图 3-9 所示，执行 G28 指令时，刀具从起始点 A，经过中间点 B，到参考点 R；执行 G29 指令时，刀具从参考点 R 经过 G28 指定的中间点 B 到达 G29 定义的终点 C。具体程序如下：

① G90 方式：G90 G28 X100.0 Y100.0 Z0；
　　　　　　　G29 X150.0 Y50.0 Z0；

② G91 方式：G91 G28 X100.0 Y50.0 Z0；
　　　　　　　G29 X50.0 Y-50.0 Z0；

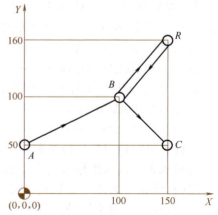

图 3-9　图形轨迹（4）

二、工艺知识

1. 铣削方式

（1）根据方向分类　根据铣刀的切削力与工件的进给方向，铣削可分为顺铣和逆铣。

1）顺铣。铣刀的切削力方向与工件的进给方向相同，即铣刀的切削刃是从工件的待加工表面切入，从已加工表面切出，切削厚度开始由大变小至切削终了为零，如图3-10a所示。

2）逆铣。铣刀的切削力方向与工件的进给方向相反，即铣刀的切削刃是从工件的已加工表面切入，从待加工表面切出，切削厚度开始由小变大至切削终了为最大，如图3-10b所示。逆铣时，由于切削挤压的原因，刀片和切削层之间的剧烈摩擦和高温使刀片磨损加剧。

（2）根据相对位置分类　根据铣刀与工件之间的相对位置，铣削又可分为对称铣削与非对称铣削，如图3-11和图3-12所示。

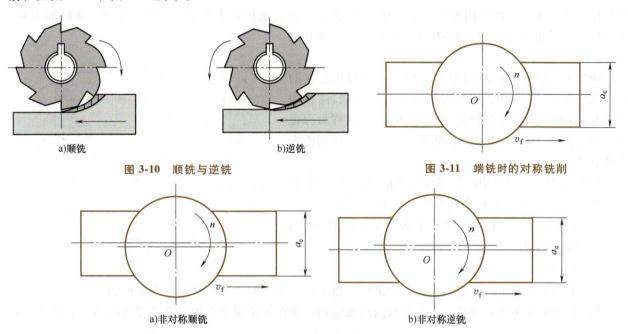

图3-10　顺铣与逆铣　　　　图3-11　端铣时的对称铣削

图3-12　端铣时非对称铣削

2. 平面铣削工艺路径

大平面的铣削一般可以采用单向平行切削路径（单向平行走刀）和往复平行切削路径（双向平行走刀）。单向平行切削路径是指每次的进刀路线都是从零件一侧向另一侧加工，即刀具从每条刀具路径的起始位置到终止位置后，抬刀快速返回到下一个刀具路径的起始位置再次加工，如图3-13a所示。双向平行切削路径如图3-13b所示，它比单向铣削的效率高，加工时刀具从每行的起始位置到结束位置后不抬刀，沿着另一个轴的方向移动一个距离，然后沿着反向移动到另一侧。

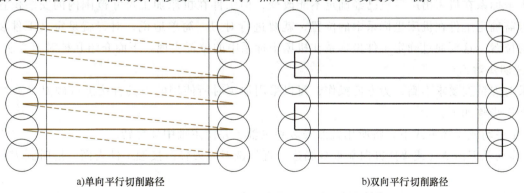

图3-13　平面铣削工艺路径

平面铣削是控制工件高度的加工适用于复杂的轮廓加工,通常使用的切削刀具是面铣刀,为多齿刀具,但在小面积范围内有时也使用立铣刀进行平面铣削。面铣刀可加工垂直于其轴线的工件上表面。

在数控编程中,需要注意刀具直径的选择,铣削中刀具相对于工件的位置等。

3. 铣刀直径的选择

平面铣削最重要的一点是对面铣刀直径的选择。对于单次平面铣削,平面铣刀最理想的宽度应为材料宽度的 1.3~1.6 倍。如果需要切削的宽度为 80mm,那么选用直径为 120mm 的面铣刀比较合适。1.3~1.6 倍的比例可以保证切屑较好地形成和排出。

在设计大平面刀具路线时,要根据零件平面的长度和宽度来确定刀具起始点的位置以及相邻两条刀具路线的距离(又称步距)。

由于面铣刀一般不允许 Z 向切削,因此起始点的位置应选在零件轮廓以外。一般来说,铣削粗加工和精加工时起始点的位置 $S>D/2$(D 为刀具直径),如图 3-14 所示。为了保证刀具在下刀时不与工件发生干涉,通常 S 的取值为刀具半径加上 3~5mm。终止点位置 E 在粗加工时,$E>0$;在精加工时,为了保证工件的表面质量,$E>D/2$,使刀具完全离开加工面。

两条刀具路径之间的间距 B 一般根据表面粗糙度的要求取 (0.6~0.9)D,即当刀具直径为 20mm,路径间距取 $0.8D$ 时,则两条路径的间距为 16 mm,这样就保证了两刀之间有 4mm 的重叠量,防止平面上因刀具间距太大留有残料。

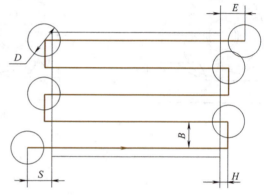

图 3-14 加工参数

铣削过程中,刀具中心距零件外侧的间隙距离为 H。粗加工时,为了减小刀具路径长度,提高加工效率,设 $H \geq 0$;精加工时,为了保证加工平面质量,设 $H>D/2$,使刀具移出加工面。

4. 铣削特点

1)平面轮廓加工通常是指在某一固定吃刀量下,一次切削去除全部轮廓余量的加工。

2)平面轮廓加工是刀具在一个平面内两轴联动,垂直于轮廓平面加工轴不参与联动,吃刀量一般为固定值。

3)具有刀尖圆弧半径补偿功能的数控系统,在加工平面轮廓时可按图样尺寸直接编程,不需要计算刀具中心运动轨迹。轮廓加工时数控系统会根据程序的刀尖圆弧半径补偿命令及刀尖圆弧半径补偿值自动偏置一个刀尖圆弧半径补偿值,以保证刀具侧刃始终与工件轮廓相切。此时刀具中心轨迹是工件轮廓的等距线,距离为一个刀尖圆弧半径补偿值,数控系统自动生成该等距线。

三、对刀操作方法

机床坐标系在机床出厂后就已经确定不能改变,但工件在机床加工尺寸范围内的安装位置却是任意的,若需确定工件在机床坐标系中的位置,就要进行对刀。简单地说,对刀就是定义工件装夹在工作台上的位置,这要通过确定工件坐标系在机床坐标系中的位置实现。下面介绍几种对刀方法。

1. 试切法对刀

如果对刀精度要求不高,为方便操作,可以采用加工时所使用的刀具直接进行碰刀(或试切)对刀,其操作步骤如下:

1)在手动或手摇模式下,将所用铣刀安装到主轴上并使主轴中速旋转。

2)移动铣刀沿 X(或 Y)方向靠近被测边,直到铣刀周刃轻微接触工件表面,能听到刀具与工件的摩擦声。

3)保持 X、Y 坐标不变,将铣刀沿 Z 方向退离工件。

4）将机床相对坐标 X 置零，并沿 X 方向朝工件移动刀具半径的距离。

5）将此时机床坐标系下的 X 值输入系统偏置寄存器中，该值就是被测边的 X 坐标。

6）改变方向重复以上操作，可得被测边的 Y 坐标。

这种对刀方法比较简单，但会在工件表面留下痕迹且对刀精度不高。

2. 寻边器对刀

常用的寻边器分为机械式和电子式两种，如图 3-15 所示。

电子式寻边器使用时将其夹持在主轴上，其轴线与主轴轴线重合，采用手动方式进给使标准钢球缓慢地靠近工件，在钢球与工件定位基准面接触的瞬间，由机床、工件、电子式寻边器组成的电路接通，指示灯亮，从而确定其基准面的位置。

采用寻边器对刀的操作步骤与采用试切法对刀相似，只是将刀具换成了寻边器，移动距离是寻边器球头的半径。寻边器对刀方法较简单，对刀精度也较高。

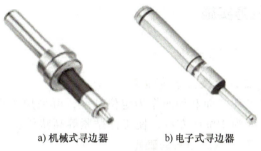

a) 机械式寻边器　　b) 电子式寻边器

图 3-15　常用寻边器

3. 杠杆百分表（或千分表）对刀

杠杆百分表对刀的方法如图 3-16 所示，其操作步骤如下：

1）在手动模式下，通过磁性表座将杠杆百分表吸附在机床主轴表面上并利用手动转动机床主轴。

2）手动操作使旋转的表头依 X、Y、Z 方向的顺序，逐渐靠近侧壁（或圆柱面）。

3）移动 Z 轴，使表头压住被测表面，指针转动约 0.1mm。

4）逐步降低手动脉冲发生器的 X、Y 方向移动量，使表头旋转一周时，其指针的跳动量在允许的对刀误差（如 0.02mm）内，此时可认为主轴的旋转中心与被测孔中心重合。

5）记下此时机床坐标系中的 X、Y 坐标值，此 X、Y 坐标值即为 G54 指令建立工件坐标系时的偏置值。

6）对于 Z 坐标值，要将表座取下装上刀柄来测量。

杠杆百分表对刀方法比较麻烦，效率较低，但对刀精度较高，同时对被测孔的精度要求也较高，被测孔最好是经过铰或镗加工的孔，仅粗加工后的孔不宜采用该方法。

4. Z 轴对刀

Z 轴对刀可以采用刀具直接碰刀对刀，也可利用图 3-17 所示的 Z 轴设定仪进行精确对刀。其工作原理与寻边器相同，对刀时也是将刀具的端刃与工件表面或 Z 轴设定仪的测头接触，利用机床坐标的显示来确定对刀值。当使用 Z 轴设定仪对刀时，要将 Z 轴设定仪的高度考虑进去。

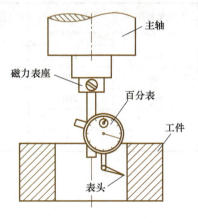

图 3-16　杠杆百分表对刀

图 3-17　Z 轴设定仪

5. 工件坐标系的设定

1) 在数控机床控制面板中按 MDI 键盘上的 OFFSET SETTING 键。

2) 在 G54 坐标系的"X"处,输入前面计算出的 X 值,注意不要输入地址 X,按下"INPUT"键。

3) 在 G54 坐标系的"Y"处,输入前面计算出的 Y 值,按 INPUT 键。

4) 在 G54 坐标系的"Z"处,输入 Z 值,按下 INPUT 键。

任务实施

一、工艺分析

1. 工件装夹方案的确定

以工件底面和侧面作为定位基准,可采用机用精密平口钳装夹,选择合适的等高垫铁,毛坯伸出钳口长度为 10mm 左右,使工件贴紧等高垫铁。

2. 工、量、刀具的确定

根据零件图样的加工内容和技术要求,填写工具、量具、刀具卡,见表 3-1。

表 3-1 工具、量具、刀具卡

类别	序号	名称	规格或型号	精度/mm	数量	备注
量具、工具	1	游标卡尺	0~150mm	0.02	1	
	2	外径千分尺	0~25mm、25~50mm、50~75mm、75~100mm	0.01	各1	
	3	游标深度卡尺	0~150mm	0.01	1	
	4	偏心式寻边器			1	
	5	Z 轴设定器			1	
刀具	6	BT 平面铣刀架	BT40-XMA27-100（配 BT40T-1 拉钉）		1	刀杆和机床匹配
	7	面铣刀	ϕ80mm 面铣刀（硬质合金）		1	刀杆和机床匹配
辅具	8	常用工具、辅具	铜棒、等高垫铁等			
	9	函数计算器			1	

3. 加工工艺方案的制订

加工路线根据"基面先行,先粗后精,工序集中"等原则,合理选择切削用量。加工工序卡见表 3-2。

表 3-2 加工工序卡

工步	加工内容	刀具		主轴转速 /(r/min)	进给速度 /(mm/min)	背吃刀量 /mm
		名称	直径/mm			
1	精铣工件平面 A（基准面）	面铣刀	ϕ80	600	160	0.2
2	粗铣工件上表面,留 0.2mm 余量	面铣刀	ϕ80	600	120	0.5
3	精铣工件上表面	面铣刀	ϕ80	600	160	0.2
4	去毛刺					
5	工件精度检测					

二、程序编制

1. 确定工件坐标系

选择工件上表面几何中心处作为工件坐标系原点,如图 3-18 所示。

2. 基点计算

如图 3-18 所示,平面加工路线从起点 S→点 A→点 B→点 C→点 D→点 E→点 F,后抬刀结束。平面加工各基点坐标见表 3-3。

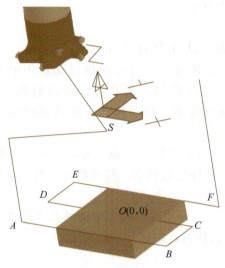

图 3-18　工件坐标系及基点

表 3-3　平面加工各基点坐标

基点	坐标(X,Y)
S	(0,0,100)起始点安全高度 Z100
A	(-95,-50)
B	(95,-50)
C	(95,0)
D	(-95,0)
E	(-95,50)
F	(95,50)

3. 参考程序

三、图形仿真（模拟软件技能训练）

1. 开机、回参考点

2. 程序输入

3. 装夹工件及刀具

4. 手动对刀及参数设置

X、Y、Z 方向用试切法对刀,在 G54 指令中设置参数值。

5. 图形模拟仿真加工

自动运行,显示刀具运动轨迹和图形仿真加工,正确校验加工程序。

四、自动加工（机床实操技能训练）

1. 加工准备

1）检查毛坯尺寸。

2）开机,回参考点。

3）程序输入：把编写好的程序通过数控机床控制面板输入到数控机床。

4）工件装夹：先把机用平口钳装夹在数控铣床/加工中心的工作台上,用百分表校正机用平口钳,使钳口与数控铣床/加工中心 X 方向平行。毛坯装夹在机用平口钳上,下用垫铁支撑,使毛坯放平并伸出钳口约 10mm,夹紧毛坯。

5）刀具装夹：选用 ϕ80mm 面铣刀,把刀柄装入数控铣床/加工中心主轴。

2. 对刀操作

X、Y、Z 轴均采用试切法对刀,并把操作得到的零偏值输入到 G54 等指令偏置寄存器中。有条件的情况下,X、Y 方向用寻边器对刀,Z 方向用 Z 轴设定仪对刀。

3. 程序校验

（1）空运行　空运行是指刀具按机床预先规定的速度运行,刀具运行速度与程序中编写的进给速度无关,用来在机床不装工件时检查刀具的运动轨迹（一般为避免撞刀,常把基础坐标系中 Z 值提高

平面的数控铣削加工参考程序

平面的数控铣削仿真加工

平面的数控铣削自动加工

100mm 后运行程序)。

(2) 图形模拟　可用机床锁住、辅助功能锁住、空运行等功能配合来进行图形模拟,检查数控程序是否正确。

程序校验正确后,数控铣床/加工中心必须执行返回参考点命令。

4. 自动加工

当程序校验无误后,将坐标系中 Z 值还原,然后调用相应程序开始自动加工。

(1) 单段运行　程序单段运行工作模式是按下数控启动按钮后,刀具在执行完程序中的一段程序后停止,再次按数控启动键则再次执行一段程序。通过单段加工模式可以逐段地执行程序,便于仔细检查和调试数控程序。每段程序运行结束后,继续按循环启动按钮,即可逐段执行程序加工。

(2) 连续运行　图形模拟正确后,解除机床锁住和空运行,返回参考点,开始自动运行加工程序。选择自动加工(MEM)工作模式,取消单段运行开关,调好进给倍率,打开程序,按下循环启动按钮进行程序加工。

首件试切时,建议采用单段运行与连续运行相结合的方式。程序自动加工中前面几步用单段运行功能,观察刀具位置,确保靠近工件处的刀具位置正确后,再执行连续运行进行加工。

5. 工件尺寸精度控制

平面加工中,基面先行,余量留给另外一面加工,粗加工另一面结束后,采用试切的方法保证工件厚度尺寸。平面铣削半精加工后,测量工件厚度并计算余量,通过修改 Z 坐标值或修改面铣刀的长度补偿磨损值,重新执行程序再次加工即可。

6. 加工结束,清理机床

松开夹具,卸下工件,清理机床。

平面的数控铣削加工任务评价

任务评价

请扫描二维码对本任务进行评价。

任务延伸

1. 平面铣削方式有哪几种?
2. 铣刀直径如何确定?
3. 数控铣床/加工中心的对刀方法有哪些?
4. 平面铣削加工的特点是什么?
5. 编写图 3-19 所示六面体的加工工艺与程序。

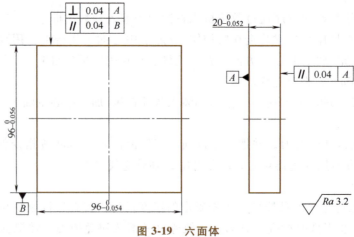

图 3-19　六面体

任务二　外轮廓的数控铣削加工

任务目标

1. 掌握外轮廓的数控铣削加工方法，合理选择刀具与工艺参数编制加工工艺。
2. 学会 G02/G03、G41/G42/G40、G43/G44/G49 指令的格式及使用方法。
3. 学会外轮廓零件的数控铣削加工程序的编制方法，并在仿真软件上进行模拟验证。
4. 掌握数控铣床/加工中心的操作方法，能按图样要求加工出合格的产品。

任务描述

如图 3-20 所示，零件材料为 45 钢，其切削性能较好，可以选用硬质合金立铣刀或键槽铣刀。该零件结构简单，要求对两段 R40mm 圆弧和两条直线外轮廓进行铣削，保证其长度为 $80_{-0.046}^{0}$mm、宽度为 $64_{-0.046}^{0}$mm、高度为 $5_{0}^{+0.03}$mm，要求较高。表面粗糙度值为 $Ra3.2\mu m$，通过铣削加工可以达到要求。

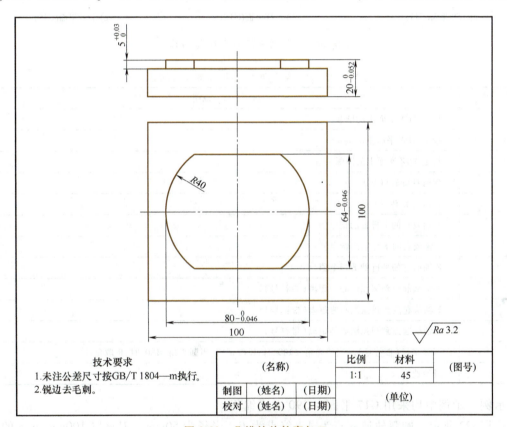

图 3-20　凸模的外轮廓加工

知识链接

一、编程指令

1. 顺/逆时针圆弧插补指令（G02/G03）

（1）指令格式

1）XOY 平面圆弧：G17 G02/G03 X__ Y__ R__ F__；
　　　　　　　　　G17 G02/G03 X__ Y__ I__ J__ F__；

2）XOZ 平面圆弧：G18 G02/G03 X__ Z__ R__ F__；

G18 G02/G03 X __ Z __ I __ K __ F __；

3) YOZ 平面圆弧：G19 G02/G03 Y __ Z __ R __ F __；

G19 G02/G03 Y __ Z __ J __ K __ F __；

（2）参数说明 所谓顺/逆时针是指从第三坐标轴的正方向向负方向看时，沿顺时针方向铣削的指令为 G02，逆时针方向铣削的指令为 G03。不同平面的 G02 与 G03 如图 3-21 所示。指令中各参数的说明见表 3-4。

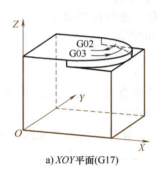
a) XOY平面(G17)

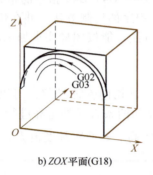
b) ZOX平面(G18)

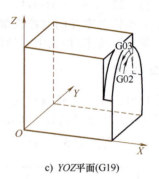
c) YOZ平面(G19)

图 3-21　不同平面的 G02 与 G03

表 3-4　顺/逆时针圆弧插补指令各参数的说明

指令	说明
G17	指定 XOY 平面上的圆弧
G18	指定 ZOX 平面上的圆弧
G19	指定 YOZ 平面上的圆弧
G02	顺时针旋转（CW）
G03	逆时针旋转（CCW）
X	X 轴或它的平行轴的指令值
Y	Y 轴或它的平行轴的指令值
Z	Z 轴或它的平行轴的指令值
I	X 轴从起点到圆弧圆心的距离（带符号）
J	Y 轴从起点到圆弧圆心的距离（带符号）
K	Z 轴从起点到圆弧圆心的距离（带符号）
R	圆弧半径（带符号）。当圆心角≤180°时，R 取正值；当圆心角>180°时，R 取负值
F	进给速度

（3）示例　示例中均采用 G17 平面，G90 方式编程。

1）如图 3-22 所示，圆弧轨迹起点为 A，终点为 B，半径为 50mm，刀具以 100mm/min 的速度铣削加工，编程如下。

AB_1：G02 X80 Y30 R50 F100；或 G02 X80 Y30 I40 J-30 F100；

AB_2：G03 X80 Y30 R50 F100；或 G03 X80 Y30 I40 J30 F100；

2）当圆弧圆心角≤180°时，R 为正值；否则，R 为负值。如图 3-23 所示，圆弧轨迹起点为 A，终点为 B，半径为 40mm，刀具以 100mm/min 的速度铣削加工，用 R 指令格式编程如下。

AB_3：G03 X0 Y40 R40 F100；

AB_4：G03 X0 Y40 R-40 F100；

3）整圆的编程用 I、J、K 表示。如图 3-24 所示，半径为 40mm 的圆，刀具以 100mm/min 的速度切削，分别以点 A、点 B、点 C、点 D 作为起点，编写整圆加工程序如下。

模块三 数控铣削/加工中心加工工艺及编程技术训练

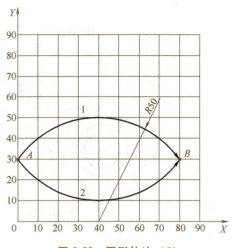

图 3-22 图形轨迹（5）

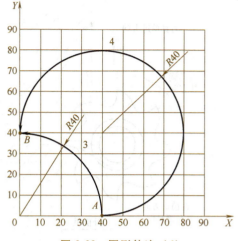

图 3-23 图形轨迹（6）

A：G02 X40 Y0 I-40 J0；或 G03 I-40；

B：G02 X0 Y40 I0 J-40；或 G03 J-40；

C：G02 X-40 Y0 I40 J0；或 G03 I40；

D：G02 X0 Y-40 I0 J40；或 G03 J40；

2. 刀尖圆弧半径补偿指令（G41/G42、G40）

（1）刀尖圆弧半径补偿的定义 在编程轮廓切削加工的场合，为了避免复杂的数值计算，一般按工件的实际轮廓作为刀具轨迹进行编写加工程序，而实际的刀具轨迹与工件轮廓存在偏移量（即刀具半径）。数控系统的这种编程功能称为刀尖圆弧半径补偿功能。

刀尖圆弧半径补偿分为刀具半径左补偿（G41）和刀具半径右补偿（G42）。采用 G41 指令或 G42 指令的判断方法是：从补偿平面外另一个坐标轴的正向，沿刀具的前进方向观察，如果刀具中心位于工件轮廓的左侧，则称为刀具半径左补偿，如图 3-25a 所示；如果刀具中心位于工件轮廓的右侧，则称为刀具半径右补偿，如图 3-25b 所示。

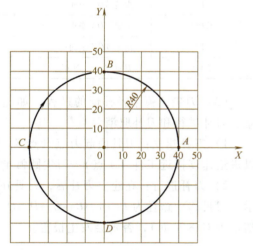

图 3-24 图形轨迹（7）

刀尖圆弧半径补偿功能的优点：在编程时可以不考虑刀具的半径，直接按图样所给定的尺寸进行编程，只要在实际加工时输入刀具半径值即可；可以使粗加工的程序简化，通过改变刀尖圆弧半径补偿值，可以用同一把刀具、同一程序、不同的切削余量完成加工。

（2）刀尖圆弧半径补偿指令的格式及说明

1）建立刀尖圆弧半径补偿。

G17 G41/G42 G00/G01 X __ Y __ D __；

G18 G41/G42 G00/G01 X __ Z __ D __；

G19 G41/G42 G00/G01 Y __ Z __ D __；

2）取消刀尖圆弧半径补偿。

G17 G40 G00/G01 X __ Y __；

G18 G40 G00/G01 X __ Z __；

G19 G40 G00/G01 Y __ Z __；

3）指令中各参数的说明见表 3-5。

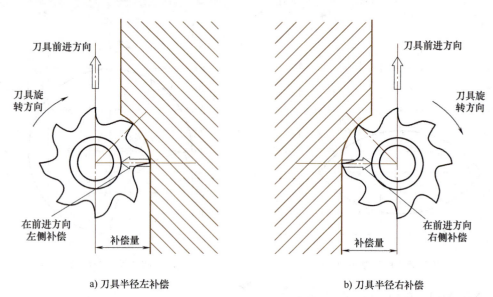

a) 刀具半径左补偿　　　　　　　　b) 刀具半径右补偿

图 3-25　刀尖圆弧半径补偿方向

表 3-5　刀尖圆弧半径补偿各参数的说明

指令	说明	指令	说明
G17	指定 XOY 平面	G42	刀具半径右补偿
G18	指定 ZOX 平面	G40	取消刀尖圆弧半径补偿
G19	指定 YOZ 平面	XY/ZX/YZ	目标点的坐标
G41	刀具半径左补偿	D	刀尖圆弧半径补偿偏置号

（3）刀尖圆弧半径补偿的过程　如图 3-26 所示，刀尖圆弧半径补偿的过程分为三步，即刀补建立、刀补进行和刀补取消。

1）刀补建立：刀具由起刀点（点 S，位于工件轮廓及零件毛坯之外，距离工件轮廓切入点较近）以进给速度接近工件（A 点），刀尖圆弧半径补偿的补偿方向由 G41 或 G42 指令确定，如图 3-27 所示。

2）刀补进行：在建立刀补后，刀具在运动中始终按偏离一个刀具半径值进行移动。如图 3-26 所示，刀具移动路径为 P→A→B→C→D→Q。系统在进入补偿状态时不得变换补偿平面（如从 G17 平面切换到 G18 平面），否则会发生报警。

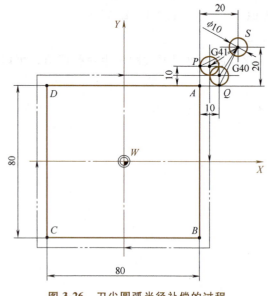

图 3-26　刀尖圆弧半径补偿的过程

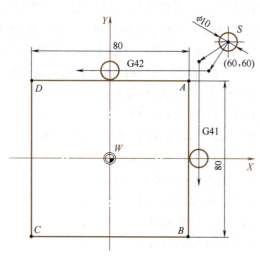

图 3-27　刀尖圆弧半径补偿建立过程

3）刀补取消：刀具撤离工件，回到退刀点（点 S），取消刀尖圆弧半径补偿。与建立刀尖圆弧半径补偿过程类似，退刀点也应位于工件轮廓之外，退刀点距离加工工件轮廓较近，可与起刀点相同，也可以不相同。

图 3-26 的参考程序如下：

G00 X60 Y60;　　　　　　　　（点 S,起始点）
G41 G01 X40 Y50 F100 D01;　　（刀补建立至 P 点,在工件轮廓延长线上）
Y40;　　　　　　　　　　　　（点 A,三点一线中间点也可以省略）
Y-40;　　　　　　　　　　　　（点 B）
X-40;　　　　　　　　　　　　（点 C）　　　　　　　　　　　　刀补进行
Y40;　　　　　　　　　　　　（点 D,三点一线中间点也可以省略）
X50;　　　　　　　　　　　　（点 Q,在工件轮廓延长线上）
G40 X60 Y60;　　　　　　　　（取消刀补回到点 S,退刀点）

（4）注意事项

1）刀补建立前，刀具半径值必须在系统刀具参数表内设置完成，并且刀尖圆弧半径补偿值应小于工件轮廓凹形轨迹的最小曲率半径，否则系统将因无法计算刀具中心轨迹而出现报警。

2）G41/G42 和 G40 指令不能和 G02/G03 指令一起使用，只能与 G00/G01 指令一起使用。此外，刀具必须要移动，且移动量至少大于刀具半径值，否则系统会报警。

3）采用刀尖圆弧半径补偿功能时，数控系统能预读两句程序，因此刀补建立指令后必须在两个程序段内出现在所用加工平面中的坐标轴运动，否则会出现过切现象。

4）G40 指令必须与 G41/G42 指令成对使用，即有刀补建立指令就有刀补取消指令。

5）为了防止建立与取消过程中刀具产生过切现象，如图 3-28a 中的 OM 和图 3-28b 中的 AM，刀补建立与取消程序段的起始位置与终点位置最好与补偿方向在同一侧，如图 3-28a 中的 ON 和图 3-28b 中的 AN。

6）补偿值的正负号改变时，G41 及 G42 指令的补偿方向会改变。如 G41 指令输入正值时，其补偿方式为左补偿；输入负值时，其补偿方式为右补偿。同理 G42 指令输入正值时，其补偿方式为右补偿；输入负值时，其补偿方式为左补偿。由此可见，当补偿值符号改变时，G41 与 G42 指令的功能互换。一般输入补偿值（即铣刀半径值）采用正值。

7）刀具补偿的程序内不得出现任何转移加工，如镜像、子程序跳转等。

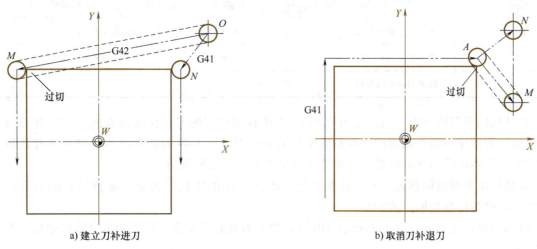

图 3-28　刀补建立与取消时的起始与终点位置

3. 刀具长度补偿指令（G43/G44、G49）

刀具长度补偿功能可将编程时的刀具长度和实际使用的刀具长度之差存储在刀具偏置存储器中。

用该功能补偿这个差值可不用修改程序。

用 G43 或 G44 指令指定偏置方向。由输入的相应地址号（H 代码），从偏置存储器中选择刀具长度偏置值，如图 3-29 所示。

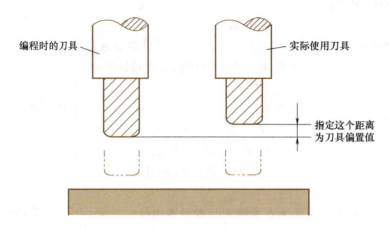

图 3-29　刀具长度偏置

（1）指令格式

1）建立刀具长度补偿。

G17 G43/G44 G00/G01 Z＿＿ H＿＿ ;

G18 G43/G44 G00/G01 Y＿＿ H＿＿ ;

G19 G43/G44 G00/G01 X＿＿ H＿＿ ;

2）取消刀具长度补偿。

G17 G49 G00/G01 Z＿＿ ;

G18 G49 G00/G01 Y＿＿ ;

G19 G49 G00/G01 X＿＿ ;

（2）参数说明　指令中各参数的说明见表 3-6。

表 3-6　刀具长度补偿各参数的说明

指令	说明	指令	说明
G43	刀具长度正向补偿	X、Y、Z	目标点坐标
G44	刀具长度负向补偿	H	刀具长度补偿偏置
G49	取消刀具长度补偿		

1）刀具长度偏置的方向。当指定 G43 时，用 H 代码指定的刀具长度偏置值（存储在刀具偏置存储器中）加到程序中由指令指定的终点位置坐标值上；当指定 G44 时，从终点位置减去补偿值。补偿后的坐标值表示补偿后的终点位置，不管选择的是绝对值还是增量值。

2）刀具长度偏置值的指定。从刀具偏置存储器中取出由 H 代码指定（偏置号）的刀具长度偏置值并与程序的移动指令相加（或相减）。

3）取消刀具长度偏置。指定 G49 或 H0 可以取消刀具长度偏置。在 G49 或 H0 指定后，系统立即取消偏置方式。

（3）刀具长度补偿功能的优点　当数控系统具有刀具长度补偿功能时，程编时就可以不必考虑刀具的实际长度以及各把刀具不同的长度尺寸。当刀具磨损、更换新刀或刀具安装有误差时，不必重新编制加工程序、重新对刀或重新调整刀具，只需改变刀具长度偏置值即可。

二、工艺知识

1. 外轮廓加工过程中的切入/切出方式

采用立铣刀侧刃切削加工零件外轮廓时，为减少接刀痕迹，保证工件表面质量，铣削过程中铣刀应沿外轮廓的延长线的方向切入/切出，如图 3-30a 所示（点 P→点 A→点 B→点 C→点 D→点 Q），避免铣刀从零件轮廓的法线方向切入/切出而产生刀痕，保证零件轮廓光滑。

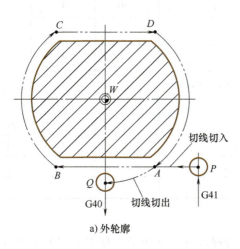
a）外轮廓

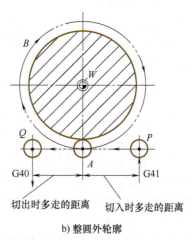
b）整圆外轮廓

图 3-30　外轮廓切入/切出

用圆弧插补方式铣削外整圆时，要注意尽量避免交接处重复加工，否则会出现明显的界限痕迹。要安排刀具从切向进入圆周铣削加工，当整圆加工完毕后，不要在切入点处直接退刀，而要让刀具多运动一段距离，最好沿切线方向退出，如图 3-30b 所示（点 P→点 A→点 B→点 Q）。

2. 切入、切出点的选择原则

（1）切入点的选择原则

1）粗加工时选择平面内的最高角点作为切入点。

2）精加工时选择平面内某个曲率比较平缓的角点作为切入点。

3）避免将铣刀当钻头使用，否则会因受力过大而损坏，即加工外轮廓时尽量在材料外下刀，如加工型腔时在下刀处钻下刀工艺孔，或是采用螺旋下刀、渐降斜插等方式。

（2）切出点的选择原则　切出点应选择能加工连续完整的轮廓。

如图 3-31 所示，切入、切出点应选在几何要素的交点处（点 A）。

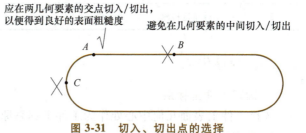

图 3-31　切入、切出点的选择

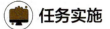 任务实施

一、工艺分析

1. 工件装夹方案的确定

以工件底面和侧面作为定位基准，可采用机用精密平口钳装夹，选择合适的等高垫铁，工件伸出钳口长度为 10mm 左右，使工件贴紧等高垫铁。

2. 工、量、刀具的确定

根据零件图样的加工内容和技术要求，填写工具、量具、刀具卡，见表 3-7。

表 3-7 工具、量具、刀具卡

类别	序号	名称	规格或型号	精度/mm	数量	备注
量具、工具	1	游标卡尺	0~150mm	0.02	1	
	2	外径千分尺	0~25mm、25~50mm、50~75mm、75~100mm	0.01	各1	
	3	游标深度卡尺	0~150mm	0.01	1	
	4	偏心式寻边器			1	
	5	Z轴设定器			1	
刀具	6	BT平面铣刀架	BT40-XMA27-100(配BT40T-1拉钉)		1	刀杆和机床匹配
	7	键槽铣刀(T1)	ϕ16(高速钢)		1	刀杆和机床匹配
	8	键槽铣刀(T2)	ϕ10(硬质合金)		1	刀杆和机床匹配
辅具	9	常用工具、辅具	铜棒、等高垫铁等		1	
	10	函数计算器			1	

3. 加工工艺方案的制订

加工路线根据"先粗后精,环形切削"等原则,合理选择切削用量。加工工序卡见表3-8。

表 3-8 加工工序卡

工步	加工内容	刀具 名称	刀具 直径/mm	主轴转速 /(r/min)	进给速度 /(mm/min)	背吃刀量 /mm
1	粗铣外轮廓,留0.5mm余量	键槽铣刀(T1)	ϕ16	600	200	5
2	去余料	键槽铣刀(T1)	ϕ16	600	200	5
3	精铣外轮廓至尺寸	键槽铣刀(T2)	ϕ10	3000	1000	5
4	去毛刺					
5	工件精度检测					

二、程序编制

1. 确定工件坐标系

选择工件上表面几何中心处作为工件坐标系原点,如图3-20所示。

2. 基点计算

进给路线设计:刀具从原点上方100mm处开始,移到点S_1后下刀,下至深度为5mm时,开始铣削加工外轮廓。如图3-32所示,外轮廓加工路线从起点$S_1 \to$点$P \to$点$A \to$点$B \to$点$C \to$点$D \to$点$Q \to$点S_2,后抬刀结束。

考虑到最大余量值约30mm,起始下刀位置点S_1距离点A应大于45mm,才能用修改磨耗值来去除毛坯余量。去除余料采用修改刀具半径值来进行。刀具半径值最大改到40mm,四个边角处剩余的余料采用中心轨迹编程,沿毛坯走正方形路线即可,如图3-33所示。粗、精加工用同一个参考程序(O5002),粗加工数控程序执行两次,刀具半径偏置D01分别设置为【16.5】和【28】;去余料程序(O5003)执行一次;最后精加工程序执行一次,刀具半径偏置D02设置为【5】。各基点坐标见表3-9。

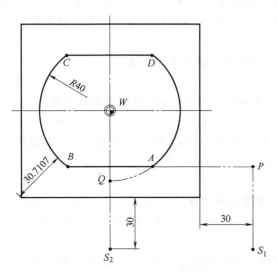 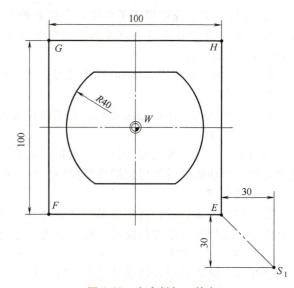

图 3-32　外轮廓加工基点　　　　　图 3-33　去余料加工基点

表 3-9　外轮廓加工各基点坐标

基点	坐标(X,Y)	基点	坐标(X,Y)
S_1	(80,-80)	E	(50,-50)
P	(80,-32)	F	(-50,-50)
A	(24,-32)	G	(-50,50)
B	(-24,-32)	H	(50,50)
C	(-24,32)	Q	(0,-40)
D	(24,32)	S_2	(0,-80)

3. 参考程序

外轮廓的加工参考程序中的 O5002 程序可以用于外轮廓的粗、精加工。本程序中的刀具和切削用量适用于粗加工，精加工时只需把程序中的刀具号 T1 改为 T2，长度补偿 H01 改 H02，半径补偿 D01 改 D02；刀尖圆弧半径补偿偏置中的半径值设置见图形仿真中的第 6 条；主轴转速及进给速度根据工艺卡进行调整即可。O5003 程序为去余料加工参考程序。

外轮廓的数控铣削加工参考程序

三、图形仿真（模拟软件技能训练）

1. 开机、回参考点

2. 程序输入

3. 装夹工件及刀具

4. 手动对刀及参数设置

X、Y、Z 方向用试切法对刀，在 G54 指令中设置参数值。

5. 图形模拟仿真加工

自动运行，显示刀具运动轨迹和图形仿真加工，正确校验加工程序。

修改参数输入中的刀具补正（形状）刀具半径值。粗加工时 φ16mm 键槽铣刀的半径偏置 D01 分别设置为【8.25】和【14】；精加工时 φ10mm 键槽铣刀的半径偏置 D02 设置为【5】。

外轮廓的数控铣削仿真加工

四、自动加工（机床实操技能训练）

1. 加工准备

1）检查工件尺寸。

2）开机，回参考点。

3）程序输入：把编写好的程序通过数控机床控制面板输入到数控机床。

外轮廓的数控铣削自动加工

4）工件装夹：先把机用平口钳装夹在数控铣床/加工中心工作台上，用百分表校正平口钳，使钳口与数控铣床/加工中心 X 方向平行。工件装夹在平口钳上，下用等高垫铁支撑，使工件放平并伸出钳口 10mm，夹紧工件。

5）刀具装夹：选用 ϕ16mm 键槽铣刀，把刀柄装入数控铣床/加工中心主轴。

2. 对刀操作

X、Y、Z 轴均采用试切法对刀，并把操作得到的零偏值输入到 G54 等指令偏置寄存器中。

3. 程序校验

利用空运行（一般为避免撞刀，常把基础坐标系中 Z 值增加 100mm 后运行程序）、机床锁住、辅助功能锁住等功能进行图形模拟校验程序。空运行结束后必须返回参考点。

4. 自动加工

当程序校验无误后，将坐标系中 Z 值还原，然后调用相应程序开始自动加工。自动运行前面几步用单段运行功能，观察刀具位置，确保靠近工件处的刀具位置正确后，再执行连续运行进行加工。

5. 工件尺寸精度控制

型腔加工结束后用合适量具对工件进行检测，确定其尺寸是否合格。对超差尺寸在可以修复的范围内通过修改刀尖圆弧半径补偿值进行尺寸精度控制，重新执行程序再次加工，直至符合图样要求。

6. 加工结束，清理机床

松开夹具，卸下工件，清理机床。

外轮廓的数控铣削加工任务评价

 任务评价

请扫描二维码对本任务进行评价。

 任务延伸

1. 何谓刀尖圆弧半径补偿？
2. 简述刀尖圆弧半径补偿过程。
3. 刀具长度补偿有哪两种？
4. 外轮廓加工过程中的切入/切出原则是什么？
5. 编写图 3-34 所示外轮廓的加工工艺，并用刀尖圆弧半径补偿功能编制外轮廓的精加工程序。

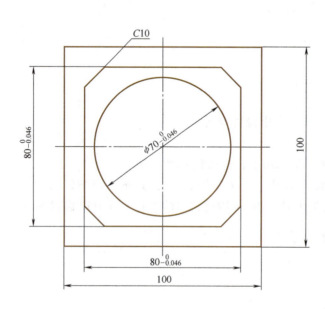
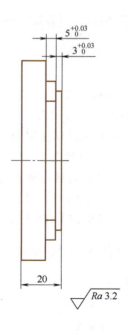

图 3-34　外轮廓

任务三 槽的数控铣削加工

任务目标

1. 掌握槽的数控铣削加工方法，合理选择刀具与工艺参数编制加工工艺。
2. 学会 G15/G16 指令的格式及使用方法。
3. 学会槽类零件的数控铣削加工程序的编制方法，并在仿真软件上进行模拟验证。
4. 掌握数控铣床/加工中心的操作方法，能按图样要求加工出合格的产品。

任务描述

如图 3-35 所示，工件材料为 45 钢，其切削性能较好，可以选用高速钢铣刀或者硬质合金铣刀。该工件结构简单，要求对两个圆弧形腰槽进行铣削，保证其深度为 $4_0^{+0.03}$ mm，两个腰槽左右对称，圆弧半径为 6mm，腰槽小直径为 $44_{-0.039}^{0}$ mm，角度为 60°。表面粗糙度值为 $Ra3.2\mu m$，通过铣削加工可以达到要求。

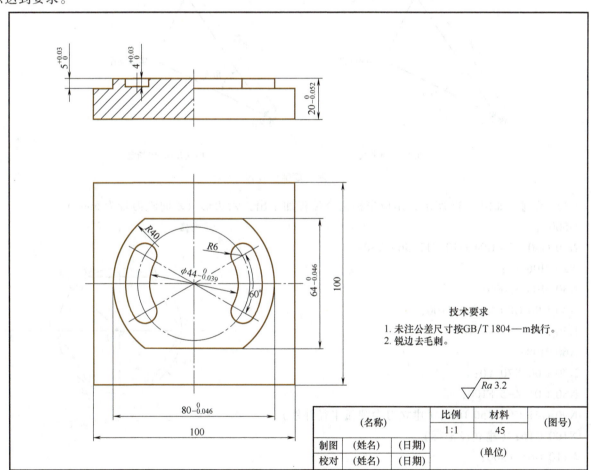

图 3-35 凸模的槽加工

知识链接

一、编程指令

直线和圆弧的终点坐标值也可以用极坐标（半径和角度）表示。极坐标系有一个极坐标轴和极坐标系原点（简称极点）。极坐标轴的正方向为水平向右。极坐标用极半径和极角表示。极坐标指令有 G15 和 G16。

（1）指令格式：

G17/G18/G19 G90/G91 G16；

G00/G01/G02/G03；

……

（2）参数说明

1）对于立式数控铣床/加工中心的平面选择默认值是 G17，针对不同的机床可选择 G18 或 G19。G16 为建立极坐标系，定义极坐标原点。G15 为取消极坐标指令。

2）使用 G90 指令进行编程时，工件坐标系的零点被设定为极坐标系的原点（极点）。极半径为编程指令位置和工件原点之间的距离；极角是所选平面的第一轴正向转动到指令位置的角度，沿逆时针转动为正，沿顺时针转动的为负。如角度用绝对值指令（G90）指定时，如图 3-36a 所示；如角度用增量值指令（G91）指定时，如图 3-36b 所示。当使用局部坐标系 G52 时，局部坐标系的原点变成极坐标的原点。

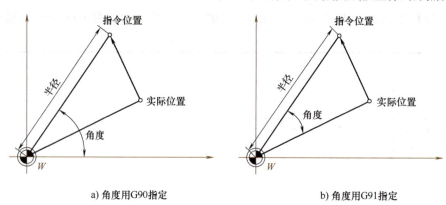

a) 角度用G90指定　　　　b) 角度用G91指定

图 3-36　极坐标方式

（3）示例　如图 3-37 所示，用极坐标指令编程加工出正六边形（Z 向吃刀量为 5mm）。

O5004；

N10 G90 G54 G94 G40 G17 G69 G80；

N20 M06 T1；

N30 M03 S2000；

N40 G90 G00 X0 Y0 Z100；

N50 Z5；

N60 M08；

N70 G00 X70 Y0；

N80 G01 Z-5 F100；

N90 G41 G01 X50 D01；（建立刀尖圆弧半径补偿）

N100 G16；（建立极坐标）

N110 G01 Y300；

N120 Y240；或 N120 G91 Y-60；

N130 Y180；或 N130 Y-60；

N140 Y120；或 N140 Y-60；

N150 Y60；或 N150 Y-60；

N160 Y0；或 N160 Y-60；

N170 G15；（取消极坐标）

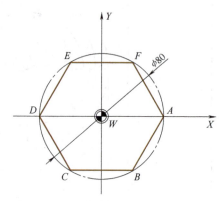

图 3-37　六边形加工示意

N180 G90 G40 X70 Y0；（取消刀尖圆弧半径补偿）
N190 G00 Z10；
N200 X0 Y0 Z100 M09；
N210 M05；
N220 M30；
%

二、工艺知识

1. 槽的种类

槽可以分为封闭型槽和开放型槽。开放型槽有一端开放的，也有两端开放的，如图3-38所示。封闭型槽只能选择立铣刀在槽内某一点下刀，但槽内下刀会在槽的两侧壁和槽的底面留下刀痕，降低表面质量，而且立铣刀底刃的切削能力较差，必要时可用钻头在下刀点预制一个孔。开放型槽最好在槽外下刀，槽外下刀可有效避免下刀痕迹。两端开放型的直线槽除可用立铣刀加工外，还可根据槽宽尺寸选用错齿三面刃圆盘铣刀加工，两端较窄的开放型直线槽则可以选用锯片铣刀加工。

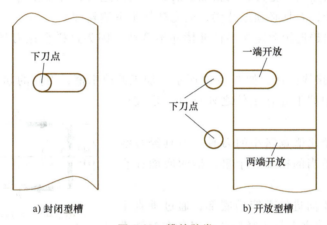

图 3-38 槽的种类

槽的断面形状可有多种形式，常见的有矩形、梯形、半圆形、T形及燕尾形等，槽的断面形状决定于铣刀的外形，也就是说铣刀的刀形决定铣出的槽形。

2. 槽的数控铣削加工原则

铣削半封闭式或封闭式矩形槽时，常用的铣刀有立铣刀与键槽铣刀。一般在加工窄槽时可选择直径等于或略小于矩形槽宽度的立铣刀与键槽铣刀，由刀具直径保证槽宽。安装铣刀时，铣刀的伸出长度要尽可能小。

1）当槽宽尺寸与标准铣刀直径相同且槽宽精度要求不高时，可直接根据槽的中心轨迹编程加工，但由于槽的两壁一侧是顺铣，一侧是逆铣，会使两侧槽壁的加工质量不同。

2）当槽宽有一定尺寸精度和表面质量要求时，要分粗、精加工工序铣削加工才可达到图样要求的加工精度。粗、精加工需使用不同直径的刀具，粗加工时使用直径小于槽宽的铣刀；精加工时使用与槽宽等径的铣刀。粗加工余量为粗、精加工所用刀具的半径差。

3）具有较高加工精度要求的窄槽应分粗加工和精加工。粗、精加工刀具的直径应小于槽宽。精加工时，为保证槽宽尺寸公差，用半径补偿铣削内轮廓的加工方法。

4）加工开放窄槽时，刀具可从工件侧面外水平切入工件。加工封闭窄槽时，刀具不可从侧面水平切入工件的位置，必须沿Z轴方向切入工件。如果没有预钻孔，可用键槽铣刀沿Z轴方向切入工件。键槽铣刀具有直接垂直向下进刀的能力，它的端面中心处有切削刃，而立铣刀端面中心处无切削刃，立铣刀只能切削很小的深度。

5) 在铣削较深封闭式矩形槽时，可先钻落刀孔，立铣刀从落刀孔引入切削。在铣削加工较深沟槽时，切削条件较差，铣刀在进行切削加工时排屑不畅，散热面积小，不利于切削加工，应进行分层铣削加工到要求的深度。

3. 槽的数控铣削加工进给路线设计

粗加工时，采用直径比槽宽小的铣刀，铣槽的中间部分在两侧及槽底留下一定余量；精加工时，为保证槽宽尺寸公差，用半径补偿的加工方法铣削内轮廓。

1）封闭窄槽的进给路线设计，如图 3-39 所示。粗加工时选择直径比槽宽略小的刀具，保证粗加工后留有一定的精加工余量。X、Y 起点选择在工件槽的一端圆弧轮廓的圆心位置，如选择右侧圆弧的中心点 S 为起始位置点，Z 起点选择在距上表面有足够安全间隙的高度位置，线段 PQ 为切入/切出圆弧。然后，以较小的进给率切入所需的深度（在底部留出精加工余量），再以直线插补 SA 运动在两个圆弧中心点之间进行粗加工。

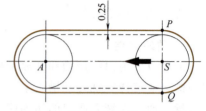

图 3-39 封闭窄槽进给路线设计

若槽的粗、精加工选用同一把刀，则粗加工后并不需要退刀，可以在同一个位置进给到最终深度。选择顺铣模式，主轴正转，刀具必须左补偿，应先精加工下侧轮廓。

精加工时，刀具法向趋近轮廓建立半径补偿并不合适，因为这样会让刀具在加工轮廓上有停留并产生接刀痕迹。

2）开放窄槽的进给路线设计，如图 3-40 所示。加工开放窄槽，刀具的起点可选择在工件侧面外，图中刀具的起点选在槽中线上并在工件之外具有一定安全间隙的适当位置（点 S）。

粗加工时，选择直径比槽宽略小的刀具，刀具经直线进给切削后，侧面留下适当的精加工余量，槽的底面亦宜留有适当的精加工余量。

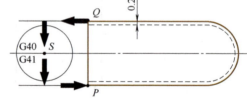

图 3-40 开放窄槽的进给路线设计

精加工时，刀具沿 Z 向进给至窄槽底部，通过垂直于窄槽轮廓的线段 SP 进给建立刀具半径补偿，刀具在顺铣模式下对窄槽沿轮廓进行精加工到轮廓延长线的点 Q，并通过线段 QS 的进给取消刀具半径补偿。

4. 下刀方式

加工槽时，常用的下刀方式有三种：

1）在工件上预制孔，沿孔直线下刀。在工件上刀具轴向下刀点的位置，预制一个比刀具直径大的孔，立铣刀的轴向沿已加工的孔引入工件，然后从刀具径向切入工件。

2）按具有斜度的进给路线切入工件倾斜下刀。在工件的两个切削层之间，刀具从上一层的高度沿斜线切入工件到下一层位置。要控制节距，即每沿水平进给的距离为一个刀径长，背吃刀量应小于 0.5mm。

3）按螺旋线的路线切入工件螺旋下刀。刀具从工件的上一层的高度沿螺旋线切入到下一层位置，螺旋线半径值尽量取大一些，这样切入的效果会更好。

5. 内轮廓的切入/切出

当铣削内整圆和内表面轮廓形状时，应该尽量遵循从切向切入的原则，但此时切入无法外延，最好安排从圆弧过渡到圆弧的加工路线。如图 3-41 所示，若刀具从工件坐标原点出发，其加工路线为点 1→点 2→点 3→点 4→点 5，这样，可提高内孔表面的加工精度和质量。当实在无法沿零件曲线的切向切入/切出时，铣刀只有沿法线方向切入/切出，在这种情况下，切入/切出点应选在零件轮廓两几何要素的交点上，而且进给过程中要避免停顿。

6. 铣削方向的确定

由于顺铣时铣刀的切削厚度由厚变薄，不存在刀齿滑行，刀具磨损少，表面质量较好，因此一般采用顺铣方式。当铣刀沿槽轮廓沿逆时针方向铣削时，刀具旋转方向与工件进给方向一致均为顺铣，如图 3-42 所示。

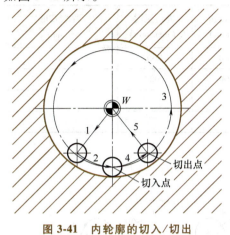

图 3-41　内轮廓的切入/切出

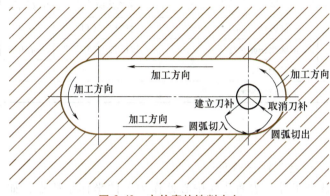

图 3-42　内轮廓的铣削方向

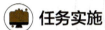**任务实施**

一、工艺分析

1. 工件装夹方案的确定

以工件底面和侧面作为定位基准，可采用机用精密平口钳装夹，选择合适的等高垫铁，工件伸出钳口长度为 10mm 左右，使工件贴紧等高垫铁。

2. 工、量、刀具的确定

根据零件图样的加工内容和技术要求，填写工具、量具、刀具卡，见表 3-10。

表 3-10　工具、量具、刀具卡（10）

类别	序号	名称	规格或型号	精度/mm	数量	备注
量具	1	游标卡尺	0～150mm	0.02	1	
	2	外径千分尺	0～25mm、25～50mm、50～75mm、75～100mm	0.01	各 1	
	3	游标深度卡尺	0～150mm	0.01	1	
	4	偏心式寻边器			1	
	5	Z 轴设定器			1	
刀具	6	BT 平面铣刀架	BT40-XMA27-100（配 BT40T-1 拉钉）		1	刀杆和机床匹配
	7	键槽铣刀（T1）	φ10mm（高速钢）		1	刀杆和机床匹配
	8	键槽铣刀（T2）	φ10mm（硬质合金）		1	刀杆和机床匹配
辅具	9	常用工具、辅具	铜棒、等高垫铁等		1	
	10	函数计算器			1	

3. 加工工艺方案的制订

铣削槽时应采用行切和环切相结合的方式进行铣削，以保证能完全切除槽中余量。由于本任务中腰槽宽度较小，铣刀沿轮廓加工一圈即可把槽中余量全部切除，因此不需要采用行切方式切除槽中多余余量。对于每一个槽，根据其尺寸精度、表面粗糙度要求分为粗、精两道加工路线，粗加工时留

0.5mm 左右精加工余量，再精加工至尺寸。加工工序卡见表 3-11。

表 3-11 加工工序卡

工步	加工内容	刀具		主轴转速 /(r/min)	进给速度 /(mm/min)	背吃刀量 /mm
		名称	直径/mm			
1	粗铣腰槽，留余量 0.5mm	键槽铣刀（T1）	φ10	1000	300	4
2	精铣腰槽至尺寸	键槽铣刀（T2）	φ10	3000	1000	4
3	去毛刺					
4	工件精度检测					

二、程序编制

1. 确定工件坐标系

选择工件上表面几何中心处作为工件坐标系原点，如图 3-43 所示。

2. 基点计算

如图 3-43 所示，右腰槽加工路线从下刀点 S_1→点 A_1→点 B_1→点 C_1→点 D_1→点 A_1→点 S_1→点 E_1 后抬刀；左腰槽加工路线从下刀点 S_2→点 A_2→点 D_2→点 C_2→点 B_2→点 A_2→点 S_2→点 E_2 后抬刀结束。槽加工各基点坐标见表 3-12。

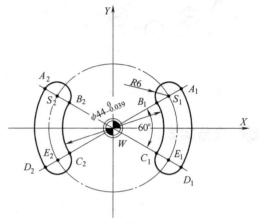

图 3-43 极坐标系及基点

表 3-12 槽加工各基点坐标

基点	坐标(X,Y)	基点	坐标(X,Y)
S_1	(28,30)	S_2	(28,150)
A_1	(34,30)	A_2	(34,150)
B_1	(22,30)	B_2	(22,150)
C_1	(22,-30)	C_2	(22,-150)
D_1	(34,-30)	D_2	(34,-150)
E_1	(28,-30)	E_2	(28,-150)

3. 参考程序

槽加工参考程序中的 O5005 程序可以用于槽的粗、精加工。本程序中的刀具和切削用量适用于粗加工，精加工时只需把程序中的刀具号 T1 改为 T2，长度补偿 H01 改 H02，半径补偿 D01 改 D02；刀尖圆弧半径补偿偏置中的半径值设置见图形仿真中的第 6 条；主轴转速及进给速度根据工艺卡进行调整即可。

槽的数控铣削加工参考程序

三、图形仿真（模拟软件技能训练）

1. 开机、回参考点

2. 程序输入

3. 装夹工件及刀具

4. 手动对刀及参数设置

X、Y、Z 方向用试切法对刀，在 G54 中设置参数值。

5. 图形模拟仿真加工

自动运行，显示刀具运动轨迹和图形仿真加工，正确校验加工程序。

6. 修改参数输入中的刀具补正（形状）刀具半径值

粗加工时，φ10mm 键槽铣刀的半径偏置 D01 设置为 5.25；精加工时，φ10mm 键槽铣刀的半径偏置 D02 设置为 5。

四、自动加工（机床实操技能训练）

1. 加工准备

1）检查工件尺寸。

2）开机，回参考点。

3）程序输入：把编写好的程序通过数控机床控制面板输入到数控机床。

4）工件装夹：先把机用平口钳装夹在数控铣床/加工中心工作台上，用百分表校正平口钳，使钳口与数控铣床/加工中心 X 方向平行。工件装夹在平口虎钳上，下用等高垫铁支撑，使工件放平并伸出钳口 10mm，夹紧工件。

5）刀具装夹：选用 ϕ10mm 键槽铣刀，把刀柄装入数控铣床/加工中心主轴。

2. 对刀操作

X、Y、Z 轴均采用试切法对刀，并把操作得到的零偏值输入到 G54 等指令的偏置寄存器中。

3. 程序校验

利用空运行（一般为避免撞刀，常把基础坐标系中 Z 值增加 100mm 后运行程序）、机床锁住、辅助功能锁住等功能进行图形模拟校验程序。空运行结束后必须返回参考点。

4. 自动加工

当程序校验无误后，将坐标系中 Z 值还原，然后调用相应程序开始自动加工。自动运行中前面几步用单段运行功能，观察刀具位置，确保靠近工件处的刀具位置正确后，再执行连续运行进行加工。

5. 工件尺寸精度控制

槽加工结束后选用合适量具对工件进行检测，确定其尺寸是否合格。超差尺寸在可以修复范围内的，通过修改刀尖圆弧半径补偿值进行尺寸精度控制，重新执行程序再次加工，直至符合图样要求。

6. 加工结束，清理机床

松开夹具，卸下工件，清理机床。

任务评价

请扫描二维码对本任务进行评价。

任务延伸

1. 槽的种类有哪几种？
2. 极坐标的指令是什么？
3. 加工槽时，常用的下刀方式有哪几种？
4. 槽加工常用的刀具有哪些？
5. 编写图 3-44 所示槽的加工工艺及精加工程序。

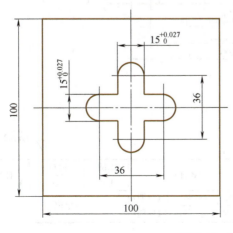

图 3-44　槽

任务四　型腔的数控铣削加工

任务目标

1. 掌握型腔的数控铣削加工方法，合理选择刀具与工艺参数编制加工工艺。
2. 学会 G68/G69 指令的格式及使用方法。
3. 学会型腔零件的数控铣削加工程序的编制方法，并在仿真软件上进行模拟验证。
4. 掌握数控铣床/加工中心的操作方法，能按图样要求加工出合格的产品。

任务描述

如图 3-45 所示，零件材料为 45 钢，其切削性能较好，可以选用高速钢铣刀或者硬质合金铣刀。该零件结构简单，要求对 100mm×100mm 的中间旋转的长方形型腔进行铣削，保证其长度为 $30_{0}^{+0.033}$mm，宽度为 $20_{0}^{+0.033}$mm，深度为 $3_{0}^{+0.03}$mm，尺寸精度要求较高。四个圆角半径为 7mm，表面粗糙度值为 $Ra3.2\mu m$，通过铣削加工可以达到要求。

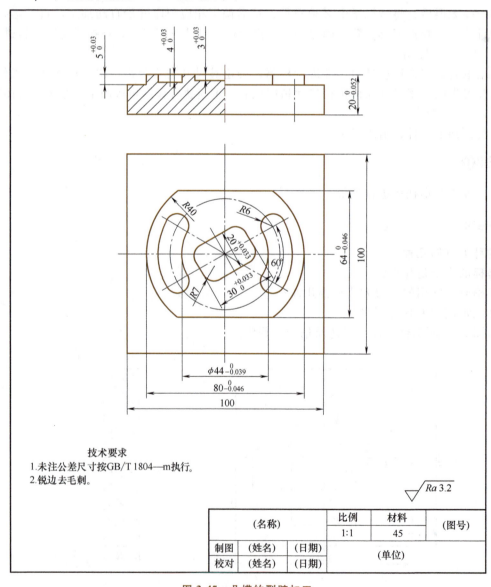

图 3-45　凸模的型腔加工

知识链接

一、编程指令

用坐标系旋转编程功能（旋转指令）可将工件旋转某一指定的角度，简化编程。坐标系旋转指令为 G68 和 G69 旋转加工示意如图 3-46 所示。

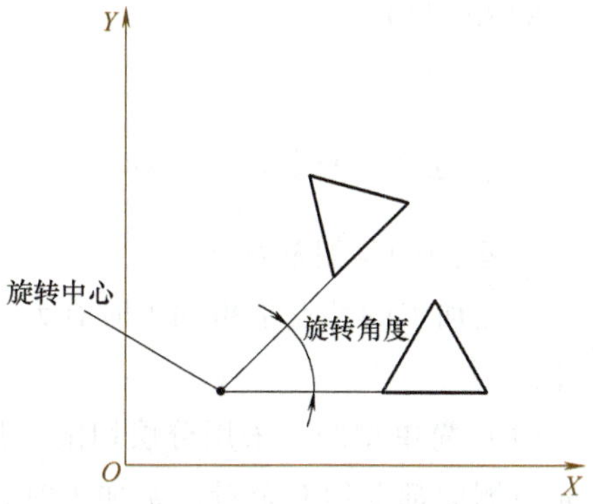

1. 指令格式

G17 G68 X __ Y __ R __ ；（建立坐标系旋转）

……（坐标系旋转方式）

G69；（取消坐标系旋转）

2. 格式说明

1）X、Y——坐标系的旋转中心。如果 G68 中省略 X __ Y __，则以当前刀具位置为旋转中心。该方法不实用，也不推荐使用。

2）R——旋转角度，沿顺时针方向旋转时为"-"，沿逆时针方向旋转时为"+"。有效范围为 $-360°\leqslant R \leqslant 360°$。

3）平面选择 G17/G18/G19 指令只能在坐标系旋转代码 G68 指令之前指定。

4）取消坐标系旋转（G69 指令）后，第一个移动指令必须用绝对值编程。如果用增量值编程，将执行不正确的移动。

5）G68、G69 为模态指令，可相互注销，G69 为默认值。

6）数据处理的顺序是：①程序镜像；②比例缩放；③坐标系旋转；④刀尖圆弧半径补偿 C 方式。在指定这些指令时，应按顺序指定；取消时，应按相反顺序取消。在旋转方式或比例缩放方式中不能指定镜像指令，但在镜像指令中可以指定比例缩放指令或坐标系旋转指令。

7）在坐标系旋转方式中，返回参考点指令（G27、G28、G29、G30）和改变坐标系指令（G54~G59、G92）不能指定。如果要指定其中的某一个，则必须在取消坐标系旋转指令后指定。

3. 示例

如图 3-47 所示，用 φ2mm 铣刀刻矩形轮廓，采用刀具中心轨迹编程，旋转矩形。

O5006；

N10 G17 G90 G54 G40 G94；

N20 M03 S2000；

N30 M06 T01；

N40 G90 G00 X0 Y0 Z200；

N50 Z5；

N60 M08；

N70 G68 X0 Y0 R20；

N80 G01 Z-5 F100 M08；

N90 X20；

N100 Y26；

N110 X0；

N120 Y0；

N130 G69；

图 3-46 旋转加工示意

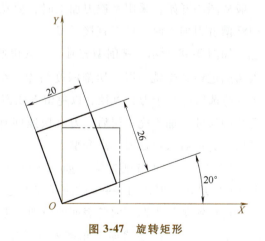

图 3-47 旋转矩形

N140 G0 Z5；
N150 G00 Z100；
N160 M09；
N170 M05；
N180 M30；
%

二、工艺知识

1. 型腔的类型及特点

型腔加工的特点是粗加工时有大量余量要被切除，一般采用分层切削的方法。型腔的类型有以下几种：

（1）简单型腔　采用分层切削，把每层入刀点统一到沿 Z 轴的一根轴线上，沿此轴预钻入刀孔，底面与侧面都要留有余量。精加工时，先加工底面，后加工侧面。

（2）有岛屿类型腔　有岛屿类型腔是在简单型腔底面上凸起一个或多个小岛屿。粗加工时，让刀具在内外轮廓中间区域中运动，并使底面、内轮廓、外轮廓留有均匀的余量。精加工时，先加工底面，再加工两侧面。

（3）有槽类型腔　有槽类型腔是在简单型腔底面下还有槽。加工时可看作两个简单型腔的组合，先粗加工各型腔，留精加工余量，再统一精加工各表面。

2. 刀具选用

铣削型腔常用的刀具有平底立铣刀、键槽铣刀。型腔的斜面、曲面区域要用 R 型立铣刀或球头刀加工。

铣削型腔时，立铣刀是在封闭边界内进行加工的，立铣刀加工方法受到型腔内部结构特点的限制，直径大的刀具比直径小的刀具抗弯强度大，加工中不容易引起受力弯曲和振动。内轮廓粗加工时，在不干涉内轮廓的前提下，尽量选用直径较大的刀具。内轮廓精加工时，立铣刀刀具半径一定要小于零件内轮廓的最小曲率半径，一般取内轮廓最小曲率半径的 0.8~0.9 倍。

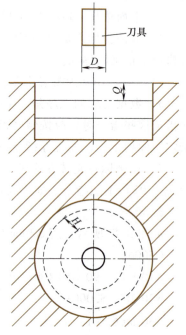

图 3-48　圆形型腔铣削方法

3. 内型腔加工路线

（1）圆形型腔铣削方法　加工圆形型腔多用立铣刀或键槽铣刀；一般从圆心开始，采用立铣刀加工时，要预先钻一孔，以便进刀；采用键槽铣刀加工时，可以直接下刀。

如图 3-48 所示，铣削型腔时，刀具快速定位到参考平面，接着转入切削进给，先铣一层，切削深度为 Q。在一层中，刀具按宽度（行距）H 进刀，按圆弧方式进给，H 值的选取应小于刀具直径，以免留下残留，在实际加工中根据情况选取。然后依次进刀，直至铣削至孔的尺寸。加工完一层后，刀具快速回到孔中心，再轴向进刀（层距），加工下一层，直至到达孔底尺寸。最后快速退刀，离开型腔。

（2）方形型腔铣削方法　如图 3-49 所示，三种进给路线就进给路线长度而言，图 3-49b 最长，图 3-49a 最短。但按图 3-49a 的路线加工完成的凹槽内壁表面质量最差。图 3-49b 和图 3-49c 都安排了一次连续铣削加工凹槽内壁表面的精加工进给路线，可以满足凹槽内壁表面的加工精度和表面质量要求，最后安排一次连续加工轮廓表面的精加工进给路线是必要的，而图 3-49c 的进给路线总长度比

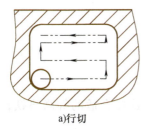  

a) 行切　　　　　　　　b) 环切　　　　　　　　c) 行切→环切

图 3-49　方形型腔铣削方法

图 3-49b 短，因此比较之下，图 3-49c 的路线是最优的加工路线。

（3）不规则形状型腔铣削方法　如图 3-50 所示，使用平底铣刀分两步加工凹槽，第一步切削加工内腔，第二步切削加工轮廓，刀具边缘部分的圆角半径应符合内槽的图样要求。切削加工轮廓通常又分为粗加工和精加工两步。粗加工时，从凹槽轮廓线向里平移铣刀半径 R 并且留出精加工余量 δ，由此得出的粗加工刀位线形是计算凹槽进给路线的依据。切削凹槽时，环切和行切在生产中都有应用。两种进给路线的共同点是都要切净内腔中的全部余量，不留死角，不伤轮廓，同时尽量减少重复进给的搭接量。环切法的刀位点计算稍复杂，需要一次一次向里收缩轮廓线。

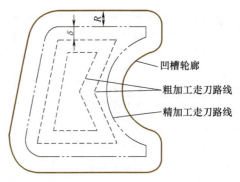

图 3-50　不规则形状型腔铣削方法

从进给路线的长短比较，行切法要略优于环切法。但在加工小面积内槽时，环切法的程序量要比行切法少。合理地选择对刀点和起刀点，合理利用"回零"指令（在坐标平面内实现双向同时"回零"）等，都能缩短进给路线。建议在确定走刀路线时画一张工序简图，把确定的进给路线画上去，对编制程序很有好处。

（4）带孤岛的型腔铣削方法　带孤岛的型腔铣削，不但要照顾到轮廓，还要保证孤岛的尺寸，如图 3-51 所示。为简化编程，编程员可先将型腔的外形按内轮廓进行加工，再将孤岛按外轮廓进行加工，使剩余部分远离轮廓及孤岛，再按无界平面进行型腔加工。可用方格纸近似取值，以简化编程。加工中应注意：

1）刀具要足够小，尤其用改变刀尖圆弧半径补偿的方法进行粗、精加工时，保证刀具不碰型腔外轮廓及孤岛轮廓。

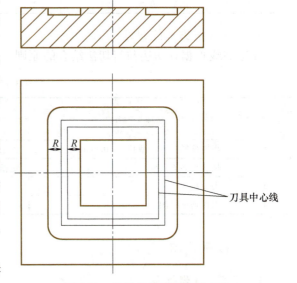

图 3-51　带孤岛的型腔铣削方法

2）有时可能会在孤岛和边槽或两个孤岛之间出现残留，可用手动方法去除。

3）为下刀方便，有时要先钻出下刀孔。

4. 型腔铣削加工的刀具引入方法

内腔与外轮廓加工不同，型腔铣削时要考虑 Z 向如何切入工件实体的问题。通常刀具向切入工件实体有如下几种方法：

1）使用键槽铣刀沿 Z 轴垂直向下进刀切入工件。

2）预先钻一个孔，再用直径比孔径小的立铣刀切削。

3）斜线进刀及螺旋进刀。

任务实施

一、工艺分析

1. 工件装夹方案的确定

以工件底面和侧面作为定位基准，可采用机用精密平口钳装夹，选择合适的等高垫铁，工件伸出钳口长度为10mm左右，使工件贴紧等高垫铁。

2. 工、量、刀具的确定

根据零件图样的加工内容和技术要求，填写工具、量具、刀具卡，见表3-13。

表3-13 工具、量具、刀具卡

类别	序号	名称	规格或型号	精度/mm	数量	备注
量具、工具	1	游标卡尺	0~150mm	0.02	1	
	2	外径千分尺	0~25mm、25~50mm、50~75mm、75~100mm	0.01	各1	
	3	游标深度卡尺	0~150mm	0.01	1	
	4	偏心式寻边器			1	
	5	Z轴设定器			1	
刀具	6	BT平面铣刀架	BT40-XMA27-100（配BT40T-1拉钉）		1	刀杆和机床匹配
	7	键槽铣刀（T1）	φ10mm（高速钢）		1	刀杆和机床匹配
	8	键槽铣刀（T2）	φ10mm（硬质合金）		1	刀杆和机床匹配
辅具	9	常用工具、辅具	铜棒、等高垫铁等		1	
	10	函数计算器			1	

3. 加工工艺方案的制订

加工路线根据环切法与行切法结合的原则，选择合理的切削用量加工工序卡，见表3-14。

表3-14 加工工序卡

工步	加工内容	刀具		主轴转速/(r/min)	进给速度/(mm/min)	背吃刀量/mm
		名称	直径/mm			
1	粗铣旋转长方形型腔，留0.5mm余量	键槽铣刀（T1）	φ10	1000	300	3
2	精铣型腔至尺寸	键槽铣刀（T2）	φ10	3000	1000	3
3	去毛刺					
4	工件精度检测					

二、程序编制

1. 确定工件坐标系

选择工件上表面几何中心处作为工件坐标系原点，如图3-52所示。

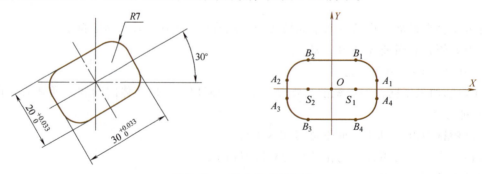

图3-52 工件坐标系及原点

2. 基点计算

如图 3-52 所示，矩形型腔加工路线从起点点 O →点 S_1 →点 A_1 →点 B_1 →点 B_2 →点 A_2 →点 A_3 →点 B_3 →点 B_4 →点 A_4 →点 A_1 →点 S_1 →点 O，后抬刀结束。矩形型腔加工各基点坐标值见表 3-15。

表 3-15 矩形型腔加工各基点坐标值

基点	坐标(X,Y)	基点	坐标(X,Y)
O	$(0,0,100)$	S_2	$(-8,0)$
S_1	$(8,0)$	B_1	$(8,10)$
A_1	$(15,3)$	A_2	$(-15,3)$
B_2	$(-8,10)$	B_3	$(-8,-10)$
A_3	$(-15,-3)$	A_4	$(15,-3)$
B_4	$(8,-10)$		

3. 参考程序

型腔加工参考程序中的 O5007 程序可以用于型腔的粗、精加工。本程序中的刀具和切削用量适用于粗加工，精加工时只需把程序中的刀具号 T1 改为 T2，长度补偿 H01 改 H02，半径补偿 D01 改 D02；刀尖圆弧半径补偿偏置中的半径值设置见图形仿真中的第 6 条；主轴转速及进给速度根据加工工艺卡进行调整即可。

三、图形仿真（模拟软件技能训练）

1. 开机、回参考点
2. 程序输入
3. 装夹工件及刀具
4. 手动对刀及参数设置

X、Y、Z 方向用试切法对刀，在 G54 指令中设置参数值。

5. 图形模拟仿真加工

自动运行，显示刀具运动轨迹和图形仿真加工，正确校验加工程序。

修改参数输入中的刀具补正（形状）刀具半径值。粗加工时，ϕ10mm 键槽铣刀的半径偏置 D01 设置为 5.25；精加工时，ϕ10mm 键槽铣刀的半径偏置 D02 设置为 5。

型腔的数控铣削加工参考程序

型腔的数控铣削仿真加工

型腔的数控铣削自动加工

四、自动加工（机床实操技能训练）

1. 加工准备

1）检查工件尺寸。

2）开机，回参考点。

3）程序输入：把编写好的程序通过数控机床控制面板输入到数控机床。

4）工件装夹：先把机用平口钳装夹在数控铣床/加工中心工作台上，用百分表校正平口钳，使钳口与数控铣床/加工中心 X 方向平行。工件装夹在平口钳上，下用等高垫铁支撑，使工件放平并伸出钳口 10mm，夹紧工件。

5）刀具装夹：选用 ϕ10mm 键槽铣刀，把刀柄装入数控铣床/加工中心主轴。

2. 对刀操作

X、Y、Z 轴均采用试切法对刀，并把操作得到的零偏值输入到 G54 等指令偏置寄存器中。

3. 程序校验

利用空运行（一般为避免撞刀，常把基础坐标系中 Z 值增加 100mm 后运行程序）、机床锁住、辅助功能锁住等功能进行图形模拟校验程序。空运行结束后必须返回参考点。

4. 自动加工

当程序校验无误后，将坐标系中 Z 值还原，然后调用相应程序开始自动加工。自动运行中前面几步用单段运行功能，观察刀具位置，确保靠近工件处的刀具位置正确后，再执行连续运行进行加工。

5. 工件尺寸精度控制

型腔加工结束后用合适量具对工件进行检测，确定其尺寸是否合格。超差尺寸在可以修复范围内的，通过修改刀尖圆弧半径补偿值进行尺寸精度控制，重新执行程序再次加工，直至符合图样要求。

6. 加工结束，清理机床

松开夹具，卸下工件，清理机床。

型腔的数控铣削加工任务评价

 任务评价

请扫描二维码对本任务进行评价。

 任务延伸

1. 型腔的类型有哪几种？
2. 铣刀直径如何确定？
3. 坐标旋转指令是什么？
4. 坐标旋转的角度如何确定？
5. 编写图 3-53 所示型腔的加工工艺及精加工程序。

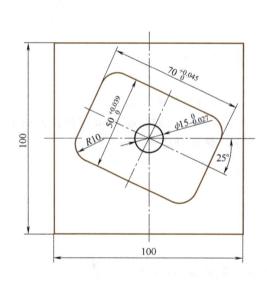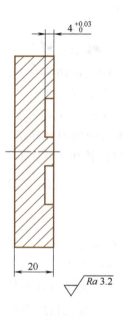

图 3-53 型腔

任务五　孔的数控铣削加工

 任务目标

1. 掌握孔的数控铣削加工方法，合理选择刀具与工艺参数编制加工工艺。

2. 学会 G80/G81/G83/G84 等指令的格式及应用。
3. 学会孔类零件的数控铣削加工程序的编制方法，并在仿真软件上进行模拟验证。
4. 掌握数控铣床/加工中心的操作方法，能按图样要求加工出合格的产品。

任务描述

加工图 3-54 所示凸模的孔。该零件上的四个销孔（4×φ10H7）需用铰刀加工而成，另外两螺纹孔（2×M10）需采用攻螺纹的加工方式完成。

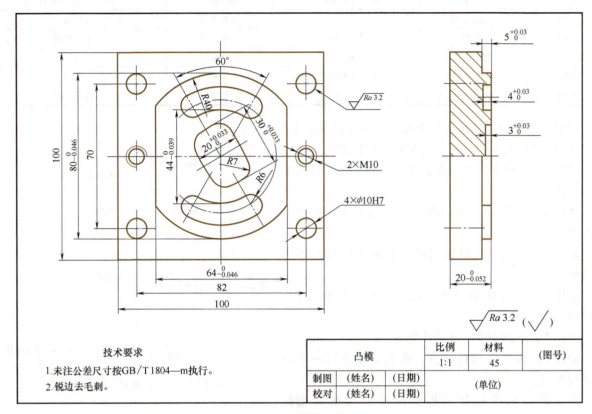

图 3-54 凸模的孔加工

知识链接

一、编程指令

1. 孔加工循环执行动作组成

在数控加工中，某些加工动作已经典型化，如钻孔、镗孔的动作顺序是孔位平面定位、快速引进、切削进给、快速退回等。这一系列动作已经预先编好程序，存储在内存中，可用包含 G 代码的一个程序调用，从而简化编程工作。这种包含了典型动作循环的 G 代码称为循环指令。

孔加工循环指令为模态指令，一旦某个孔加工循环指令有效，在接着的所有位置均采用该孔加工循环指令进行孔加工，直到用 G80 指令取消孔加工循环为止。在孔加工循环指令有效时，平面内的运动即孔位之间的刀具移动为快速运动（G00）。FANUC-0i 系统的孔加工固定循环指令见表 3-16。

表 3-16 FANUC-0i 系统的孔加工固定循环指令

G 代码	钻削（-Z 方向）	在孔底的动作	回退（+Z 方向）	应用
G73	间歇进给	—	快速移动	高速深孔钻循环
G74	切削进给	停刀→主轴正转	切削进给	攻螺纹循环（左旋）

(续)

G 代码	钻削(-Z 方向)	在孔底的动作	回退(+Z 方向)	应用
G76	切削进给	主轴定向停转	快速移动	精镗循环
G80	—	—	—	取消固定循环
G81	切削进给	—	快速移动	钻孔循环(点钻循环)
G82	切削进给	停刀	快速移动	钻孔循环(锪镗循环)
G83	间歇进给	—	快速移动	深孔钻循环
G84	切削进给	停刀→主轴反转	切削进给	攻螺纹循环(右旋)
G85	切削进给	—	切削进给	镗孔循环
G86	切削进给	主轴停转	快速移动	镗孔循环
G87	切削进给	主轴正转	快速移动	背镗循环
G88	切削进给	停刀→主轴停转	手动移动	镗孔循环
G89	切削进给	停刀	切削进给	镗孔循环

根据本任务加工要求,只介绍钻孔和攻螺纹指令。

如图 3-55 所示,孔加工循环执行动作组成:

动作 1:X 轴和 Y 轴定位,使刀具快速定位到孔加工的位置。

动作 2:快进到 R 点,即刀具自初始点快速进给到点 R。

动作 3:孔加工,以切削进给的方式执行孔加工的动作。

动作 4:在孔底的动作,包括暂停、主轴准停、刀具移位等。

动作 5:返回点 R、继续孔的加工。

动作 6:快速返回到初始点,孔加工完成后一般应选择初始点。

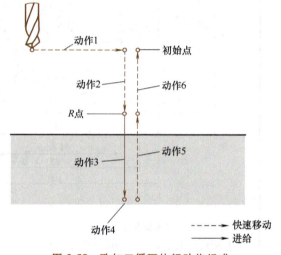

图 3-55 孔加工循环执行动作组成

固定循环的坐标数值形式可以采用绝对坐标(G90)和增量坐标(G91)指令表示。采用绝对坐标和增量坐标指令编程时,孔加工循环指令中的值有所不同,如图 3-56 所示。

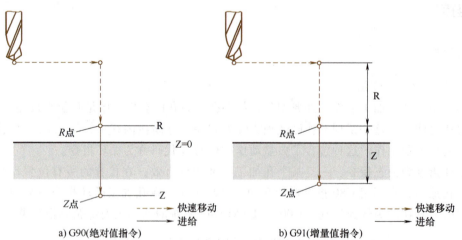

a) G90(绝对值指令)   b) G91(增量值指令)

图 3-56 孔加工的固定循环

指令格式:G98/G99 G73~G89 X__ Y__ Z__ R__ Q__ P__ F__ L__;

参数说明:

G98——返回初始平面,为默认方式;

G99——返回 R 平面;

G73~G89——孔加工指令;

X、Y——加工起点到孔位的距离(G91)或孔位坐标(G90);

Z——点到孔底的增量距离(G91)或孔底坐标(G90);

R——初始点到点 R 的增量距离(G91)或点 R 的坐标(G90);

Q——每次进给深度(G73/G83)或刀具在轴上的反向位移增量(G76/G87);

P——刀具在孔底的暂停时间;

F——切削进给速度;

L——固定循环的次数。

孔加工方式的指令以及 Z、R、Q、P 等地址码都是模态的,只是在取消孔加工方式时才被清除,因此只需在开始时指定这些指令,在后面连续的加工中重复的功能可不必重新指定。如果仅是某个孔的加工数据发生变化(如孔深有变化),仅修改要变化的数据即可。

G98 与 G99 指令的区别如图 3-57 所示。

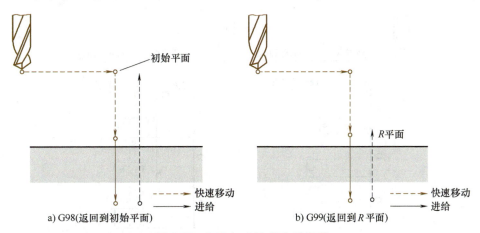

图 3-57　G98 与 G99 指令的区别

2. 孔加工固定循环指令

(1) 钻孔指令(G81/G82/G83)

1) 点钻循环(G81)和锪镗循环(G82)。

指令格式:G81 X＿ Y＿ Z＿ R＿ F＿;

　　　　　G82 X＿ Y＿ Z＿ R＿ P＿ F＿;

G81 指令的动作循环为(X,Y)坐标定位、快速进给、切削进给和快速返回等动作,如图 3-58 所示。

G82 与 G81 指令动作相似,唯一不同之处是 G82 指令在孔底增加了暂停,因而适用于不通孔、锪孔或镗阶梯孔的加工,以提高孔底表面加工精度,而 G81 指令只适用于一般孔的加工。

2) 高速深孔钻循环(G73)。

指令格式:G73 X＿ Y＿ Z＿ R＿ Q＿ F＿;

G73 指令用于深孔加工,孔加工动作如图 3-59a 所示。该固定循环用于 Z 轴方向的间歇进给,使深孔加工时可以较容易地实现断屑和排屑,减少退刀量,提高加工效率。Q 值为每次的背吃刀量(增量值且用正值表示),必须保证 $Q>d$(此处 d 为退刀量),退刀用快速移动,退刀量由参数设定。

3) 深孔钻循环(G83)。

指令格式:G83 X＿ Y＿ Z＿ R＿ Q＿ F＿;

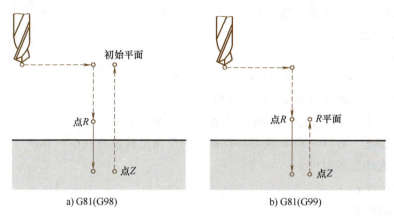

图 3-58　G81 指令循环

G83 指令同样用于深孔加工，孔加工动作如图 3-59 所示。与 G73 略有不同的是每次刀具间歇进给后退至 R 平面，此处的 d 表示刀具间歇进给每次下降时由快速移动转为工进的那一点至前一次切削进给下降的点之间的距离。

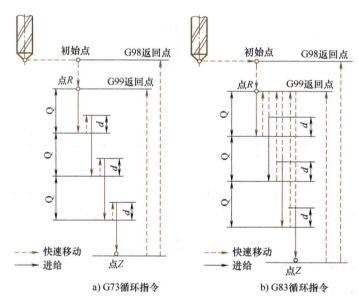

图 3-59　G73 循环和 G83 循环

（2）攻螺纹循环（G84/G74）

指令格式：G84 X__ Y__ Z__ R__ F__；
　　　　　G74 X__ Y__ Z__ R__ F__；

G84 为攻右旋螺纹，G74 为攻左旋螺纹。

G84 指令使主轴从点 R 移至点 Z 时，刀具正向进给，主轴正转，到孔底时主轴反转，返回到 R 平面后主轴恢复正转，如图 3-60 所示。

G74 指令使主轴攻螺纹时反转，到孔底时正转，返回到点 R 时恢复反转，如图 3-60 所示。

与钻孔循环不同的是，攻螺纹循环结束后的返回过程不是快速移动而是进给后反转退出。

攻螺纹过程要求主轴转速与进给速度成严格的比例关系，因此编程时要根据主轴转速计算进给速度，计算公式为

$$v_f = n P_h$$

式中，v_f 为进给速度；n 为主轴转速；P_h 为螺纹导程（单线为螺距）。

除了使用上面这种传统的柔性攻螺纹的加工方式，应用 G84/G74 指令还可实现刚性攻螺纹加工。

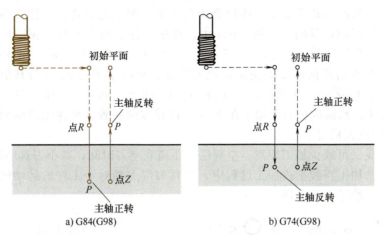

图 3-60 G84 循环和 G74 循环指令

使用这种加工方式时,要求数控机床的主轴必须是伺服主轴,以保证主轴的回转和 Z 轴的进给严格同步,即主轴每转一圈,Z 轴进给一个螺距或导程。由于机床的硬件保证了主轴和进给轴的同步关系,因此使用普通弹簧夹头刀柄即可攻螺纹。

为了和柔性攻螺纹区别,执行刚性攻螺纹需在程序段之前指定 M29 指令(M29 表示刚性攻螺纹),或在包含攻螺纹指令的程序段中指定 M29。

(3)取消固定循环(G80) G80 指令用来取消固定循环,也可用 G00、G01、G02、G03 指令取消固定循环,其效果与 G80 指令一样。

应用固定循环时应注意以下问题:

1)指定固定循环之前,必须用辅助功能 M03 指令使主轴正转。当使用了主轴停止转动指令 M05 之后,一定要重新使主轴旋转后,再指定固定循环。

2)指定固定循环状态时,必须给出 X、Y、Z、R 中的每一个数据,固定循环才能执行。

3)操作时,若利用复位或急停按钮使数控装置停止,固定循环加工和加工数据仍然存在,因此再次加工时,应该使固定循环剩余动作进行到结束。

二、工艺知识

加工中心特别适合加工多孔类零件,尤其是孔数比较多且每个孔需经几道工序加工方可完成的零件,如多孔板零件、分度头孔盘零件等。如果零件上孔的分布排列具有一定规则,则使用加工中心的固定循环功能会给编程工作带来很大方便。

对点位控制的数控机床,只要求定位精度较高,定位过程尽可能快,而刀具相对于工件的运动路线是无关紧要的,因此这类机床应按空程最短来安排进给路线。除此之外,还要确定刀具轴向的运动尺寸,其大小主要由被加工零件的孔深来决定,但也应考虑一些辅助尺寸,如刀具的引入距离和超越量。数控钻孔的尺寸关系如图 3-61 所示。

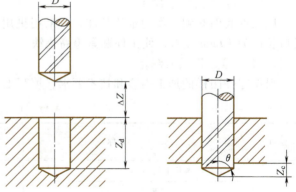

图 3-61 数控钻孔的尺寸关系

图 3-61 中,ΔZ 为刀具的轴向引入距离,Z_c 为超越量,D 为刀具直径。

ΔZ 的经验数据:已加工面上钻、镗、铰孔的 ΔZ 为 1~3mm;毛坯面上钻、镗、铰孔的 ΔZ 为 5~8mm;攻螺纹时 ΔZ 为 5~10mm。

Z_c 的计算公式为 $Z_c = D\cot(\theta/2) + (1~3)$ mm。

对于位置精度要求较高的孔系加工，特别要注意孔加工顺序的安排，安排不当就有可能将坐标轴的反向间隙带入，直接影响位置精度。图 3-62a 中，在该零件上镗六个尺寸相同的孔，有两种加工路线。当按图 3-62b 所示路线（孔 1→孔 2→孔 3→孔 4→孔 5→孔 6）加工时，由于孔 5、6 与孔 1、2、3、4 定位方向相反，Y 方向反向间隙会使定位误差增加，从而影响孔 5、6 与其他孔的位置精度。按图 3-62c 所示路线（孔 1→孔 2→孔 3→孔 4→点 P→孔 6→孔 5）加工时，加工完孔 1、2、3、4 后往上多移动一段距离到点 P，然后再折回来加工孔 5、6，这样方向一致，可避免反向间隙的引入，从而提高孔 5、6 与其他孔的位置精度。

尽量缩短加工路线，可减少加工距离、空程运行距离和空刀时间，减小刀具磨损，提高生产率。

对切削加工而言，加工路线是指加工过程中，刀具刀位点相对于工件的运动轨迹和方向，它不但包括了工步内容，还反映了工步顺序。

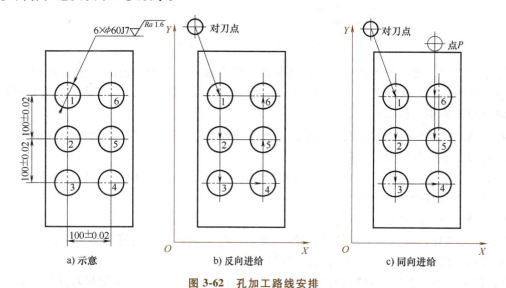

图 3-62　孔加工路线安排

影响加工路线选择的因素有很多，如工艺方法、工件材料及其状态、加工精度、表面粗糙度、工件刚度、加工余量、刀具的刚度与寿命及状态、机床类型与性能等。

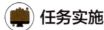 任务实施

一、工艺分析

1. 工件装夹方案的确定

以工件底面和侧面作为定位基准，可采用机用精密平口钳装夹，选择合适的等高垫铁，工件伸出钳口长度为 10mm 左右，使工件贴紧等高垫铁。

2. 工、量、刀具的确定

根据零件图样的加工内容和技术要求，填写工具、量具、刀具卡，见表 3-17。

表 3-17　工具、量具、刀具卡

类别	序号	名称	规格或型号	精度 /mm	数量	备注
量具、工具	1	游标卡尺	0~150mm	0.02	1	
	2	外径千分尺	0~25mm、25~50mm、50~75mm、75~100mm	0.01	各1	
	3	游标深度卡尺	0~150mm	0.01		
	4	偏心式寻边器			1	
	5	Z 轴设定器			1	

（续）

类别	序号	名称	规格或型号	精度/mm	数量	备注
刀具	6	BT平面铣刀架	BT40-XMA27-100（配BT40T-1拉钉）		1	刀杆和机床匹配
	7	BT-直结式钻夹头	BT40-KPU13-100L		1	刀杆和机床匹配
	8	中心钻或点钻（T1）	A2.5		1	
	9	高速钢麻花钻（T2/T3）	φ8.5、φ9.8		各1	
	10	高速钢铰刀（T4）	φ10H7		1	
	11	丝锥（T5）	M10		1	
	12	倒角刀（T6）	90°		1	
辅具	13	常用工具、辅具	铜棒、等高垫铁等		1	
	14	函数计算器			1	

3. 加工工艺方案的制订

加工路线根据环切法与行切法结合的原则，选择合理的切削用量加工工序卡见表3-18。

表3-18 加工工序卡

工步	加工内容	刀具名称	直径/mm	主轴转速/(r/min)	进给速度/(mm/min)	背吃刀量/mm
1	钻定位孔	A2.5中心钻（T1）	φ2.5	3000	100	4
2	孔粗加工	高速钢麻花钻（T2）	φ8.5	500	100	25(5)[①]
3	加工销孔的底孔	高速钢麻花钻（T3）	φ9.8	400	100	25
4	孔倒角	90°倒角刀（T6）	φ10	500	150	1
5	铰孔	铰刀（T4）	φ10H7	100	60	26
6	攻螺纹	丝锥（T5）	M10	100	150	25
7	工件精度检测					

① 每次钻孔的深度。

二、程序编制

1. 确定工件坐标系

选择工件上表面几何中心处作为工件坐标系原点，如图3-63所示。

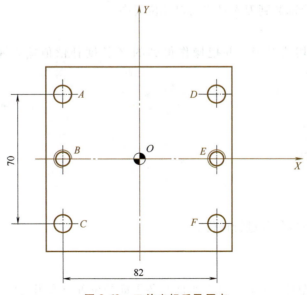

图3-63 工件坐标系及原点

2. 基点计算

如图 3-63 所示，孔加工路线从起点 S→点 A→点 B→点 C→点 D→点 E→点 F，后抬刀结束。孔加工各基点坐标见表 3-19。

表 3-19 孔加工各基点坐标

基点	坐标(X,Y)	基点	坐标(X,Y)
S	(0,0,100)	D	(41,35)
A	(-41,35)	E	(41,0)
B	(-41,0)	F	(41,-35)
C	(-41,-35)		

3. 参考程序

三、图形仿真（模拟软件技能训练）

1. 开机、回参考点
2. 程序输入
3. 装夹工件及刀具
4. 手动对刀及参数设置

X、Y、Z 方向用试切法对刀，并把操作得到的 Z 长度补偿值输入到各把刀对应的偏置寄存器中。

5. 图形模拟仿真加工

四、自动加工（机床实操技能训练）

孔的数控铣削加工参考程序

1. 加工准备

1）检查工件尺寸。
2）开机，回参考点。
3）程序输入。
4）工件装夹。
5）刀具装夹：数控铣床每执行一个程序前，要把对应的刀具手动装到机床主轴上；加工中心可以把所有要用的刀具一次性全部装到刀库对应的刀具位置中。

2. 对刀操作

X、Y、Z 轴均采用试切法对刀，并把操作得到的 Z 长度补偿值输入到各把刀对应的偏置寄存器中。

3. 程序校验
4. 自动加工
5. 工件尺寸精度控制
6. 加工结束，清理机床

孔的数控铣削加工任务评价

 任务评价

请扫描二维码对本任务进行评价。

 任务延伸

1. 孔加工固定循环一般定义几个平面？各平面的位置与作用是什么？

2. 试述钻孔 G81 指令的用法。
3. 试述高速深孔往复排屑钻 G73 指令的用法。
4. 试述攻螺纹 G84 指令的用法。
5. 编写图 3-64 所示的孔加工工艺与程序。

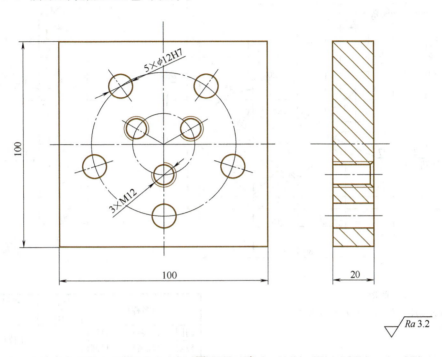

图 3-64　孔

项目二　综合件的数控铣削加工

项目目标

1. 掌握综合件的数控铣削加工方法，并能根据零件图样合理选择刀具、设置工艺参数、编制加工工艺路线。
2. 学会 G52 指令及子程序的格式及应用。
3. 掌握综合件加工程序的编写，在仿真软件上进行模拟验证。
4. 正确使用量具进行测量，能根据测量结果修改磨耗并保证加工精度。
5. 掌握数控铣床/加工中心的操作方法，能按图样要求加工出合格的产品。

素养目标

通过识读图样的工艺、编程、加工及检测，培养学生动手实践能力、语言表达能力等，同时加强学生追求高、精、尖技术的热情和对工匠精神的向往，树立学好机械建设强国的信心。

项目描述

如图 3-65 所示，该综合件主要包含平面、外轮廓、槽与型腔等的铣削以及孔加工等内容，并达到以下要求：几何公差等级为 IT8；表面粗糙度值为 $Ra3.2\mu m$。该零件的加工工艺路线如图 3-66 所示。

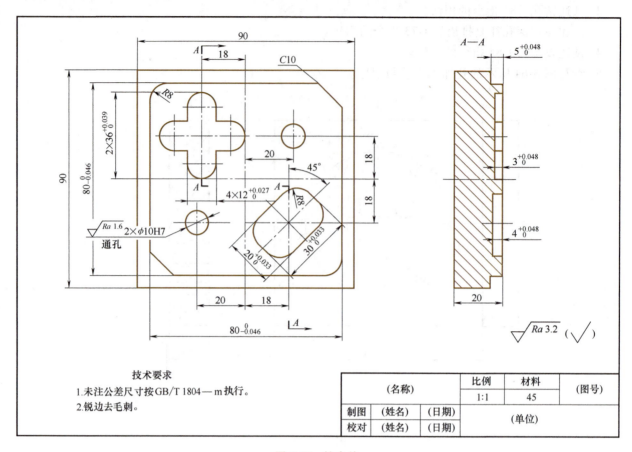

图 3-65 综合件

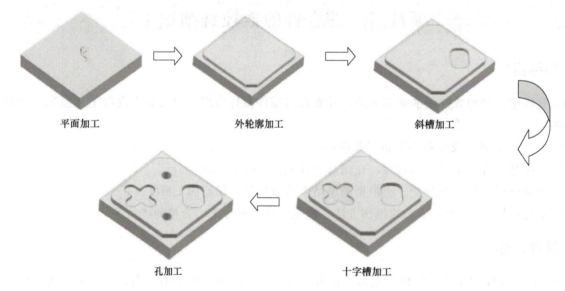

图 3-66 综合件的加工工艺路线图

项目链接

1. 局部坐标系指令（G52）

当在工件坐标系中编制程序时，为方便编程，可以设定工件坐标系的子坐标系，子坐标系称为局部坐标系。

(1) 指令格式

G52 X__ Y__ Z__；（设定局部坐标系）

G52 X0 Y0 Z0；（取消局部坐标系）

(2) 参数说明　X、Y、Z——局部坐标系的原点坐标值。用 G52 X__ Y__ Z__；可以在工件坐标系（G54~G59）中设定局部坐标系。局部坐标系的原点设定在工件坐标系中以 X、Y、Z 指定的位置。当局部坐标系设定时，后面的以绝对值方式（G90）指令的移动是在局部坐标系中的坐标值。用 G52 指令指定新的原点，可以改变局部坐标系的位置。

本综合件中的十字槽和斜槽采用局部坐标系编程，以便于坐标点的计算。

2. 子程序

(1) 子程序概述　在一个加工程序的若干位置上，如果包含有一连串在写法上完全相同的内容，为了简化程序可以把这些重复的内容抽出来，按一定格式编成子程序，然后像主程序一样将它们输入到程序存储器中。主程序在执行过程中如果需要使用某一子程序，可以通过调用指令来调用子程序，执行完子程序又可返回到主程序，继续执行后面的程序段。

当主程序调用子程序时，它被认为是一级子程序。被调用的子程序也可以调用另一个子程序。子程序调用可以嵌套四级，如图 3-67 所示。

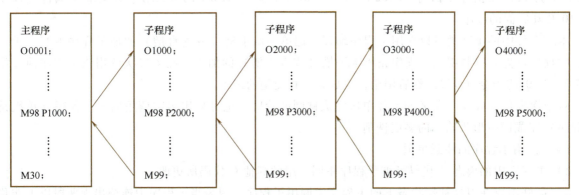

图 3-67　子程序调用执行过程

(2) 子程序的格式

O××××；

……

M99；

在子程序的开头，在地址码 O 后规定子程序号（由四位数字组成，前面的 O 可以省略）。M99 为子程序结束指令，M99 指令不一定要单独使用一个程序段，如"G00 X__ Y__ M99；"也是允许的。

(3) 子程序的调用　调用子程序采用如下格式：

指令格式一：

M98 P×××× L△△△；

参数说明：

M98——调用子程序指令；

P××××——被调用的子程序号；

L△△△——重复调用的次数。

指令格式二：

M98 P△△△××××；

参数说明：

M98——调用子程序指令；

△△△——重复调用的次数,系统允许重复调用的次数为999次,如果省略了重复次数则为1次;
××××——被调用的子程序号。

示例:子程序的执行过程举例见表3-20。

表3-20 子程序的执行过程举例

主程序	子程序
O1000	O1001
……	……
N0050 M98 P1001;	……
N0060 ……	……
N0100 M98 P1001 L2;	……
N0110 ……	……
……	M99;

主程序O1000执行到N0050时转去执行子程序O1001,子程序执行结束后继续执行主程序的N0060程序段,在主程序执行N0100时又转去执行子程序O1001两次,结束后又继续执行主程序的N0110及其后面的程序。

本综合件中的十字槽可以采用子程序编程。把单一水平槽(或垂直槽)的加工程序编写在子程序中,主程序首先直接调用该子程序完成水平槽(或垂直槽)的加工,在第二次调用该子程序前先添加一个旋转90°的指令(G68)然后调用,完成垂直相交槽的加工。

对于深度尺寸较大、在Z向不能单次完成铣削的轮廓,也可采用多次调用同一子程序(单次铣削的程序)完成同一形状轮廓的多层铣削。

(4)使用子程序的注意事项

1)主程序中的模态G代码可被子程序中同一组的其他G代码所更改。

2)最好不要在刀具补偿状态下的主程序中调用子程序。因为当子程序中连续出现两段以上非移动指令或非刀补平面轴运动指令时,很容易出现过切等错误。

项目实施

一、工艺分析

1. 工件装夹方案的确定

以工件底面和侧面作为定位基准,可采用机用精密平口钳装夹,选择合适的等高垫铁,工件伸出钳口长度为10mm左右,使工件贴紧等高垫铁。

2. 工、量、刀具的确定

根据零件图样的加工内容和技术要求,填写工具、量具、刀具卡,见表3-21。

表3-21 工具、量具、刀具卡

类别	序号	名称	规格或型号	精度/mm	数量	备注
量具、工具	1	游标卡尺	0~150mm	0.02	1	
	2	外径千分尺	0~25mm、25~50mm、50~75mm、75~100mm	0.01	各1	
	3	游标深度卡尺	0~150mm	0.01	1	
	4	偏心式寻边器			1	
	5	Z轴设定器			1	

(续)

类别	序号	名称	规格或型号	精度/mm	数量	备注
刀具	6	BT 平面铣刀架	BT40-XMA27-100（配 BT40T-1 拉钉）		1	刀杆和机床匹配
	7	面铣刀	$\phi80mm$		1	刀杆和机床匹配
	8	BT-ER 铣刀夹头	BT40-ER32-70L		1	
	9	筒夹	ER32-$\phi20$、$\phi10$		各1	
	10	BT-直结式钻夹头	BT40-KPU13-100L		1	
	11	键槽铣刀（四刃）	$\phi16mm$		1	
	12	键槽铣刀（高速钢）	$\phi10mm$		1	
	13	键槽铣刀（硬质合金）	$\phi10mm$		1	
	14	中心钻或点钻	A2.5		1	
	15	高速钢麻花钻	$\phi8.5mm$、$\phi9.8mm$		各1	
	16	高速钢铰刀	$\phi10H7$		1	
辅具	17	常用工具、辅具	铜棒、等高垫铁等		1	
	18	函数计算器			1	

3. 加工工艺方案的制订

加工路线根据"基面先行，先粗后精，工序集中"等原则，选择合理的切削用量。加工工序卡见表 3-22。

表 3-22 加工工序卡

工步	加工内容	刀具 名称	刀具 直径/mm	主轴转速 /(r/min)	进给量 /(mm/r)	背吃刀量 /mm
1	精铣工件面 A（基准面）	面铣刀（T3）	$\phi80$	600	160	0.2
2	粗铣工件上表面，留 0.2mm 余量	面铣刀（T3）	$\phi80$	600	120	0.5
3	精铣工件上表面	面铣刀（T3）	$\phi80$	600	160	0.2
4	粗铣矩形凸台，留 0.5mm 余量	键槽铣刀（T1）	$\phi16$	600	200	5
5	粗铣斜槽，留余量	键槽铣刀（T2）	$\phi10$	1000	300	4
6	粗铣十字槽，留余量	键槽铣刀（T2）	$\phi10$	1000	300	3
7	半精铣、精铣所有轮廓面	键槽铣刀（T2）	$\phi10$	3000	1000	5
8	钻定位孔	中心钻（T4）	A2.5	3000	100	4
9	钻孔的底孔	麻花钻（T5）	$\phi8.5$	500	100	25(5)[①]
10	扩销孔	麻花钻（T6）	$\phi9.8$	400	100	25
11	铰孔	铰刀（T7）	$\phi10H7$	100	60	26
12	去毛刺					
13	工件精度检测					

① 为每次钻孔的深度。

二、程序编制

1. 确定工件坐标系

选择工件上表面几何中心处作为工件坐标系原点，如图 3-68 所示。

2. 基点计算

（1）45°斜槽的编程坐标　通过局部坐标系指令 G52，在斜槽中心建立局部坐标系。为了编程方

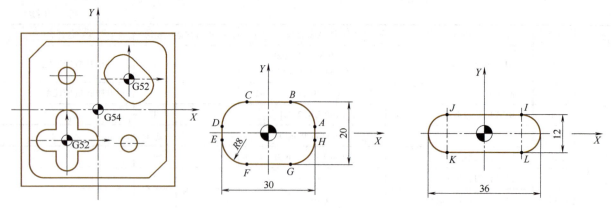

图 3-68 工件坐标系、局部坐标系及原点

便,采用旋转前的矩形槽尺寸编程,利用旋转指令 G16 使矩形槽沿顺时针方向旋转 45°加工出图样要求的斜槽。45°斜槽加工各基点坐标见表 3-23。

表 3-23 45°斜槽加工各基点坐标

基点	坐标(X,Y)	基点	坐标(X,Y)
S	(0,0,100)起始点安全高度 Z100	E	(-15,-2)
A	(15,2)	F	(-7,-10)
B	(7,10)	G	(7,-10)
C	(-7,10)	H	(15,-2)
D	(-15,2)		

(2)十字槽的编程坐标 通过局部坐标系指令 G52,在十字槽中心建立局部坐标系。为了简化编程,采用子程序与旋转指令相结合的方法分别加工出水平和垂直槽。十字槽加工各基点坐标见表 3-24。

表 3-24 十字槽加工各基点坐标

基点	坐标(X,Y)	基点	坐标(X,Y)
S	(0,0,100)起始点安全高度 Z100	K	(-12,-6)
I	(12,6)	L	(12,-6)
J	(-12,6)		

综合件的数控铣削加工参考程序

综合件的数控铣削仿真加工

3. 参考程序

综合件加工参考程序中的 O5014、O5015、O5016 程序分别用于外轮廓、旋转矩形槽、十字槽的粗、精加工。综合件加工参考程序的刀具和切削用量适用于粗加工,精加工时只需把程序中的刀具号 T01/T02 改为 T03,长度补偿 H01/H02 改为 H03,半径补偿 D01/D02 改为 D03;刀尖圆弧半径补偿偏置中的半径值设置根据刀具实际半径来设置,粗加工时半径值加上 0.25。O5018 程序可用于孔的粗加工和半精加工,粗加工时把 T06 改为 T05,H06 改为 H05,G81 改用 G83 指令格式。主轴转速及进给速度等参数值根据加工工序卡(见表 3-23)进行调整即可。

三、图形仿真(模拟软件技能训练)

1. 开机、回参考点

2. 程序输入

3. 装夹工件及刀具

4. 手动对刀及参数设置

X、Y、Z 方向用试切法对刀,在 G54 指令中设置参数值,长度补偿分别设置在 H01/H02/H03/H04/H05/H06/H07 中。

5. 图形模拟仿真加工

自动运行,显示刀具运动轨迹和图形仿真加工,正确校验加工程序。

四、自动加工（机床实操技能训练）

1. 加工准备

1）检查工件尺寸。

2）开机，回参考点。

3）程序输入：把编写好的程序通过数控机床控制面板输入到数控机床。

4）工件装夹：先把机用平口钳装夹在数控铣床/加工中心工作台上，用百分表校正平口钳，使钳口与数控铣床/加工中心 X 方向平行。工件装夹在平口钳上，下用等高垫铁支撑，使工件放平并伸出钳口 10mm，夹紧工件。

5）刀具装夹：选用合适刀具，把刀柄装入数控铣床/加工中心主轴。

2. 对刀操作

X、Y、Z 轴均采用试切法对刀，在 G54 指令中设置参数值，长度补偿分别设置在 H01/H02/H03/H04/H05/H06/H07 中。

3. 程序校验

4. 自动加工

5. 工件尺寸精度控制

工件加工结束后用合适量具对工件进行检测，确定其尺寸是否合格。超差尺寸在可以修复范围内的，通过修改刀尖圆弧半径补偿值进行尺寸精度控制，重新执行程序再次加工，直至符合图样要求。

6. 加工结束，清理机床

松开夹具，卸下工件，清理机床。

项目评价

请扫描二维码对本任务进行评价。

项目延伸

1. 什么是局部坐标系？在局部坐标系中，坐标值是相对哪个坐标系而言的？
2. 试述子程序的作用及格式。
3. 编写图 3-69 所示的综合件加工工艺与程序。

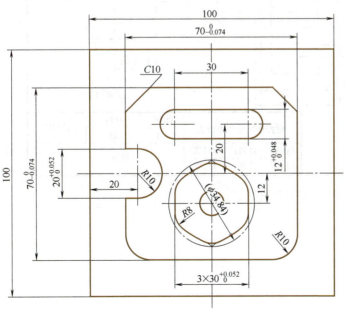

图 3-69　综合件

项目三 数控铣削加工自动编程

项目目标

1. 了解数控铣床/加工中心自动编程的内容与步骤。
2. 学会分析零件的加工工艺要求并正确创建刀具。
3. 学会正确设置实体模拟的相关参数。
4. 会用钻孔、平面铣削、动态铣削、外形铣削等刀路进行编程加工。
5. 会用 MasterCAM 软件对零件进行自动编程，达到能加工实际生产中复杂零件的水平。

素养目标

通过自动编程的学习，培养学生主动获取有效信息，展示工作成果，对学习与工作进行反思总结及知识的迁移能力，培养遵守职业道德、吃苦耐劳、爱岗敬业的工作态度。

项目描述

如图 3-70 所示，材料为 45 钢，毛坯尺寸为 80mm×80mm×20mm。零件由台阶、孔、轮廓等结构组成，无复杂曲面或曲线结构，比较符合二维加工特点。可通过加工深度和切削范围的控制来实现加工过程，无须进行曲面或实体的建模。

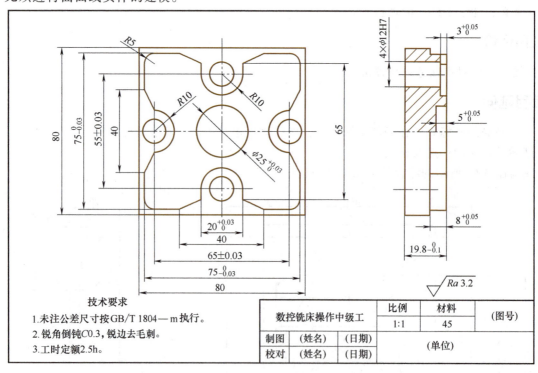

图 3-70 中级工实例（3）

项目实施

一、准备工作

1. 获得 CAD 模型

CAD 模型是 CAM 进行数控编程的前提和基础，任何 CAM 程序的编制必须有 CAD 模型作为加工对象才能进行。CAD 模型可以由 CAM 软件自带的 CAD 功能直接造型获得，或是通过与其他软件进行数控转换获得，目前很多 CAM 软件都有这两种功能，如 MasterCAM、NX UG、CAXA、Cinmatron 等。MasterCAM 可以直接读取其他 CAD 软件创建的造型，如 PRT、DWG 等格式文件。通过 MasterCAM 的标准转换接口可以转换并读取如 IGES、STEP 等格式文件。

2. 打开图形

1）打开配套资源包中的【源文件/考工 1.mcam】文件进行编程加工。

2）按键盘上的<F9>键，打开【坐标轴显示开关】；按<Alt+F9>组合键，打开【显示指针】，零件 CAD 建模结果，如图 3-71 所示。

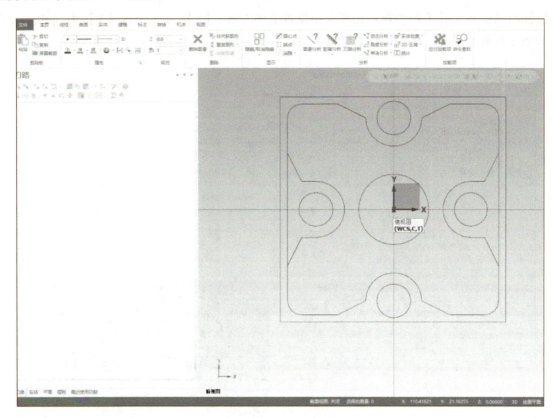

图 3-71 零件 CAD 建模结果

3. 刀路规划

1）使用 φ10mm 键槽铣刀加工平面，加工深度为 0.2mm，保证零件总厚。

2）使用 φ6mm 中心钻钻中心孔，加工深度 1mm。

3）使用 φ11.8mm 钻头钻通孔。

4）使用 φ10mm 键槽铣刀对工件外轮廓采用动态铣削粗加工，加工余量为 0.2mm。

5）使用 φ10mm 键槽铣刀对工件内轮廓采用动态铣削粗加工，加工余量为 0.2mm。

6）使用 φ10mm 键槽铣刀对工件内外轮廓采用外形铣削精加工，加工余量为 0mm。

7）使用 φ6mm 倒角刀对工件内外轮廓采用外形铣削倒角，加工余量为 0mm。

8）使用 φ12H7mm 铰刀对工件的 4 个孔进行铰孔，加工余量为 0mm。

二、编程加工

1. 工作设定

1）选择【机床】选项卡下的【铣床】→【默认】选项选择机床类型，如图 3-72 所示。

2）单击【操作管理器】→【刀路】→【机床群组-1】下的【属性】→【毛坯设置】按钮，弹出【机床

图 3-72　选择机床类型

群组属性】对话框。在【毛坯参数】选项卡中设置毛坯参数,【X】为［80］,【Y】为［80］,【Z】为［20］;设置毛坯原点【Z】为［0.2］,如图 3-73 所示。

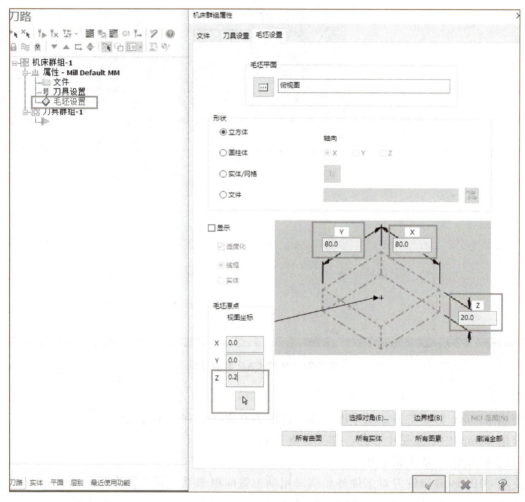

图 3-73　毛坯设置

2. 零件粗加工

（1）选择刀具　右击【刀具群组-1】按钮,在弹出的菜单中选择【群组】→【重新名称】命令,如图 3-74 所示,在弹出的对话框中输入刀具群组名称【D10 粗加工】。

（2）面铣

1）单击功能区中的【面铣】按钮，弹出【线框串连】对话框,单击【串连】按钮,在绘图区选择 80mm×80mm 的正方形作为加工轮廓,如图 3-75 所示,单击【确定】按钮　　,弹出【面铣】对话框。

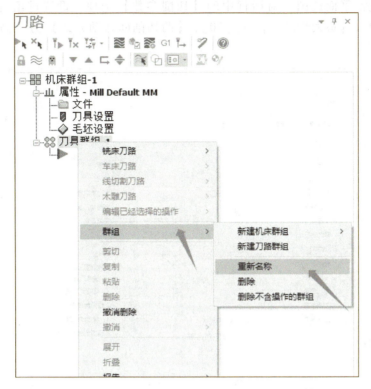

图 3-74 重新名称

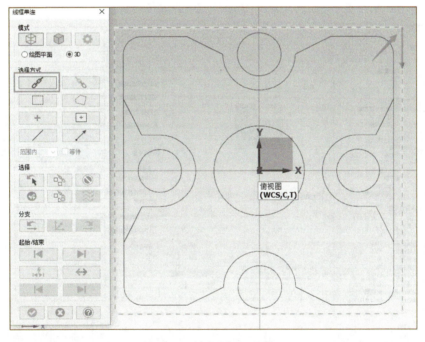

图 3-75 选择加工轮廓

2)选择【面铣】对话框中的【刀具】选项,将鼠标移动到空白处右击,在弹出的菜单中选择【创建新刀具】命令,弹出【定义刀具】对话框,选择【平底刀】,单击【下一步】按钮;设置【刀齿直径】为[10],单击【下一步】按钮;设置铣刀参数,设置刀具【名称】为[D10 粗刀]、【进给速率】为[1500]、【主轴转速】为[4500]、【下刀速率】为[600],如图 3-76 所示,然后单击【完成】按钮。

3）选择【2D 刀路-平面铣削】对话框中的【切削参数】选项，设置进给【类型】为［双向］，【底面预留量】为［0］，【最大步进量】为［70］，【两切削间移动方式】为［高速回圈］，如图 3-77 所示。

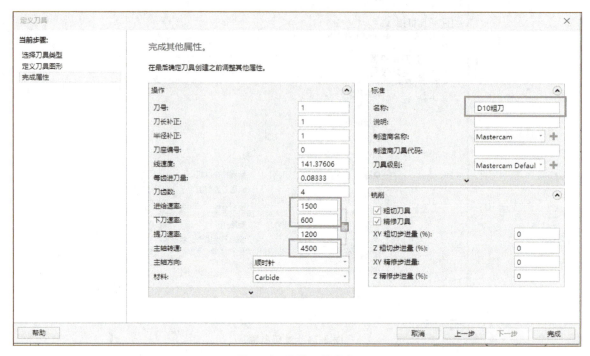

图 3-76　设置刀具参数

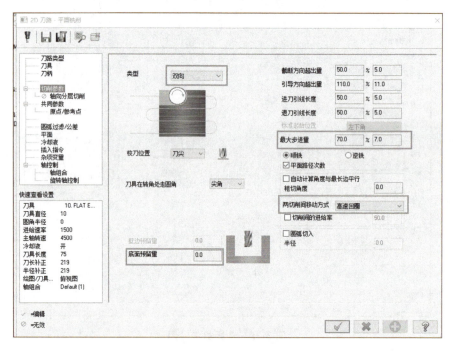

图 3-77　设置切削参数

4）选择【2D 刀路-平面铣削】对话框中的【共同参数】选项，设定【深度】为［0］（绝对坐标），如图 3-78 所示。

5）选择【2D 刀路-平面铣削】对话框中的【冷却液】选项，开启冷却液模式。

6）单击【确定】按钮　　，生成刀具路径，如图 3-79 所示。

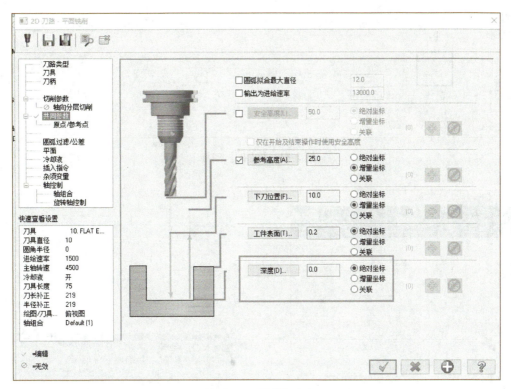

图 3-78 设置共同参数

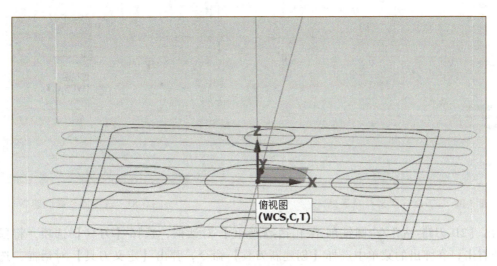

图 3-79 生成刀具路径

7) 单击【操作管理器】→【刀路】选项下的【仅显示已选择的刀路】按钮，如图 3-80 所示。启动该功能后，选择的程序才会显示该刀具路径。

(3) 钻中心孔

1) 单击【刀路】选项卡中的【钻孔】按钮，如图 3-81 所示。

2) 弹出【刀路孔定义】对话框，如图 3-82 所示。单击【俯视图】按钮，分别选择四个通孔圆心，如图 3-83 所示，单击【确定】按钮。

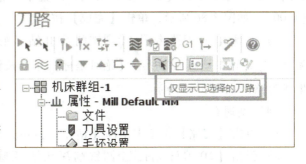

图 3-80 设置仅显示已选择的刀路

图 3-81 【钻孔】图标

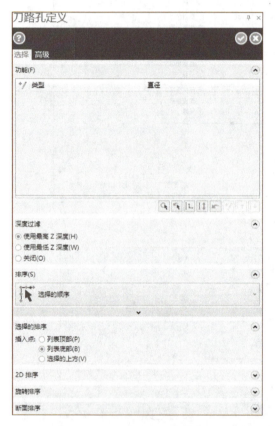

图 3-82 【刀路孔定义】对话框

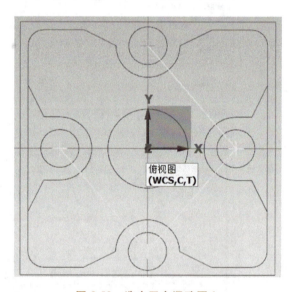

图 3-83 选中四个通孔圆心

3）弹出【2D 刀路-钻孔/全圆铣削 深孔钻-无啄孔】对话框，选择【刀具】选项，将鼠标移动到中间空白处右击，在弹出的菜单中选择【创建新刀具】命令，弹出【定义刀具】对话框，选择【中心钻】选项，如图 3-84 所示，单击【下一步】按钮；设置【标准尺寸】为［6］，【刀杆直径】为［6］，如图 3-85 所示，单击【下一步】按钮；设置中心钻参数，【进给速率】为［150］，【主轴转速】为［1500］，如图 3-86 所示，单击【完成】按钮。

4）选择【2D 刀路-钻孔/全圆铣削 深孔钻-无啄孔】对话框中的【共同参数】选项，设定【深度】为［-2］，选中该页面中所有【绝对坐标】单选按钮，如图 3-87 所示。然后单击【确定】按钮 ，生成刀路，如图 3-88 所示。

（4）钻通孔

1）单击【刀路】选项卡中的【钻孔】按钮，在绘图区选择四个通孔圆心，单击【确定】按钮。

2）弹出【2D 刀路-钻孔/全圆铣削 深孔钻-无啄孔】对话框，创建直径为 11.8mm 的钻头，设置【进给率】为［300］，【主轴转速】为［1000］，其他参数按默认设置。

模块三　数控铣削/加工中心加工工艺及编程技术训练

图 3-84　选择中心钻

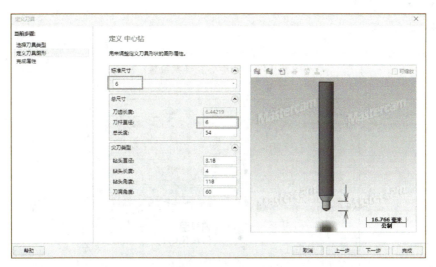

图 3-85　修改刀杆直径

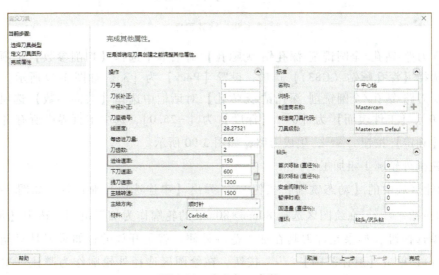

图 3-86　定义加工参数

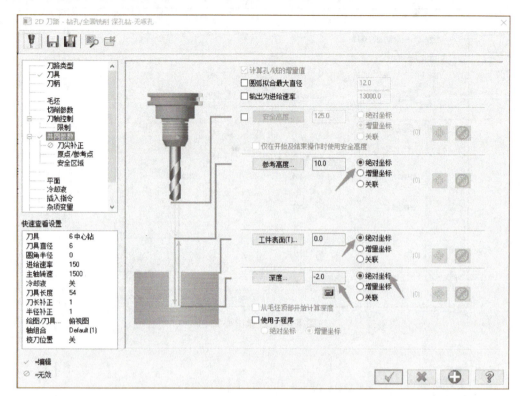

图 3-87 钻中心孔参数设置

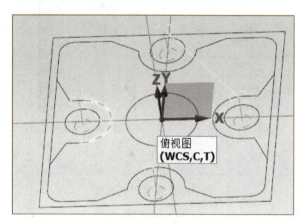

图 3-88 钻孔刀路

3）在【2D 刀路-钻孔/全圆铣削 深孔钻-无啄孔】对话框中选择【切削参数】选项，在【循环方式】列表框中选择【深孔啄钻（G83）】选项，设置【Peck】为［3］，如图 3-89 所示。

4）在【2D 刀路-钻孔/全圆铣削 深孔钻-无啄孔】对话框中选择【共同参数】选项，设置【参考高度】为［10.0］，【工件表面】为［0］，【深度】为［-25.0］，选中本页界中所有【绝对坐标】单选按钮。单击【确定】按钮 ，生成刀路，如图 3-90 所示。

（5）动态铣削外轮廓 1 粗加工

1）单击功能区域中的【动态铣削】按钮 ，弹出【串连选项】对话框，如图 3-91 所示。单击【加工范围】的按钮 ，在绘图区选择 80mm×80mm 的轮廓作为加工范围；选中【加工区域策略】中的【开放】单选按钮（如果允许刀具在加工范围外侧，就是开放的；如果刀具只能在轮廓内部运动，就是封闭的）；单击【避让范围】 按钮，在绘图区选择外轮廓作为避让（要保留，不能加工）的轮廓；单击【确定】按钮。

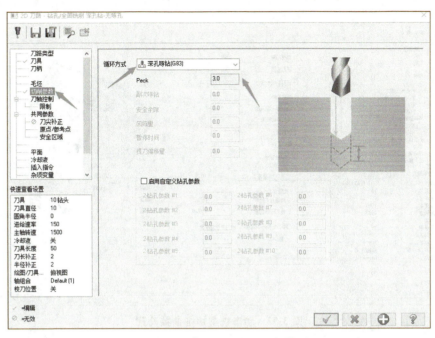

图 3-89 选择【深孔啄钻（G83）】选项

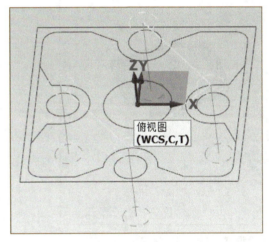

图 3-90 钻孔刀路

图 3-91 【串连选项】对话框

2）弹出【2D 高速刀路-动态铣削】对话框，选择【刀具】选项，选择之前创建的 φ10mm 键槽铣刀。

3）在【2D 高速刀路-动态铣削】中选择【切削参数】选项，设置【步进量】为［20］（指刀具直径的 20%），【壁边预留量】为［0.2］，【底面预留量】为［0］，如图 3-92 所示。

4）在【2D 高速刀路-动态铣削】中选择【进刀方式】选项，设置【进刀方式】为【单一螺旋】，【螺旋半径】为［4.5］，【Z 间距】为［2.0］，【进刀角度】为［2.0］，如图 3-93 所示。进刀方式还可以是沿着完整内侧螺旋、沿着轮廓内侧螺旋、垂直进刀等方式。

5）在【2D 高速刀路-动态铣削】中选择【共同参数】选项，设置【参考高度】为［30.0］（绝对坐标），【下刀位置】为［3.0］（增量坐标），【工件表面】为［0.0］（绝对坐标），【深度】为［-8.0］（绝对坐标）。

6）在【2D 高速刀路-动态铣削】中选择【冷却液】选项，设置【Flood】为【On】，单击【确定】按钮　　，生成刀具路径，如图 3-94 所示。

177

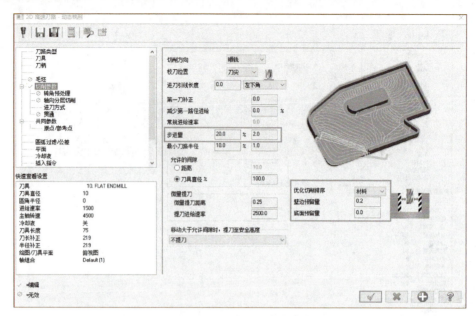

图 3-92　动态铣削切削参数设置

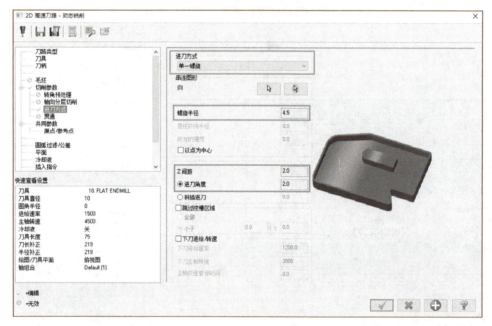

图 3-93　动态铣削进刀设置

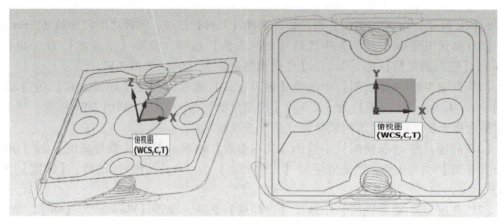

图 3-94　动态铣削刀具路径

(6) 动态铣削外轮廓 2 粗加工

1) 单击功能区中的【动态铣削】按钮，弹出【串连选项】对话框，单击【加工范围】的按钮，在绘图区选择两侧凹槽的轮廓作为加工范围，如图 3-95 所示；选中【加工区域策略】中的【封闭】单选按钮；单击【空切区域】的按钮，在绘图区选择两侧凹槽的一条边作为空切区域，如图 3-96 所示，单击【确定】按钮。

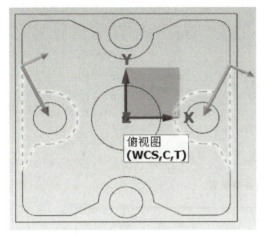

图 3-95 动态铣削加工范围

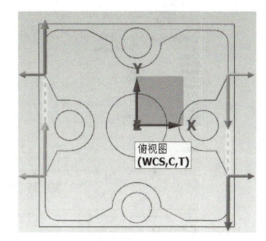

图 3-96 空切区域

2) 弹出【2D 高速刀路-动态铣削】对话框，选择【刀具】选项，选择之前创建的 φ10mm 立铣刀。

3) 在【2D 高速刀路-动态铣削】对话框中选择【切削参数】选项，设置参数与动态铣削外轮廓 1 粗加工的一致，如图 3-92 所示。

4) 在【2D 高速刀路-动态铣削】对话框中选择【共同参数】选项，设置【参考高度】为［30.0］（绝对坐标），【下刀位置】为［3.0］（增量坐标），【工件表面】为［0.0］（绝对坐标），【深度】为［-3.0］（绝对坐标），单击【确定】按钮，生成刀具路径，如图 3-97 所示。

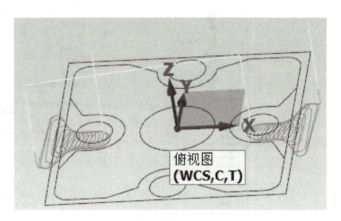

图 3-97 动态铣削刀具路径

(7) 全圆铣削孔加工

1) 单击功能区域中的【全圆铣削】按钮，弹出【刀路孔定义】对话框，在绘图区拾取 φ25mm 的圆，单击【确定】按钮，弹出【2D 刀路-全圆铣削】对话框，选择【刀具】选项，选择之前创建的 φ10mm 立铣刀。

2) 在【2D 刀路-全圆铣削】对话框中选择【切削参数】选项，在对话框的右上方可以看到【圆柱直径】为［25.0］，设置【壁边预留量】为［0.2］，【底面预留量】为［0.0］，如图 3-98 所示。

3) 在【2D 刀路-全圆铣削】对话框中选择【粗切】选项，选中【粗切】复选框，设置【步进量】为［15］；选中【螺旋进刀】复选框，设置【最小半径】和【最大半径】均为［45.0］，如图 3-99 所示。

4) 在【2D 刀路-全圆铣削】对话框中选择【共同参数】选项，设置【参考高度】为［30.0］（绝对坐标），【下刀位置】为［3.0］（增量坐标），【工件表面】为［0.0］（绝对坐标），【深度】为［-5.0］（绝对坐标），单击【确定】按钮，生成刀具路径，如图 3-100 所示。

图 3-98　全圆铣削切削参数设置

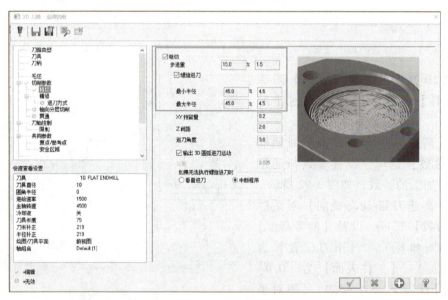

图 3-99　全圆铣削粗切设置

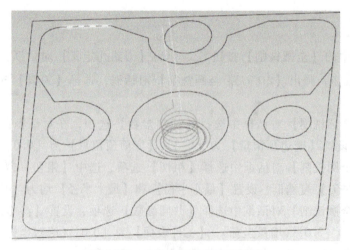

图 3-100　生成全圆铣削刀具路径

3. 零件精加工

（1）外形铣削精加工轮廓

1）单击功能区中的【外形】按钮，弹出【串连选项】对话框，选择【串连】选项，选择外轮廓（以黄蓝间隔线显示，注意选择轮廓箭头的方向为顺时针），单击【确定】按钮，弹出【2D 刀路-外形铣削】对话框，选择【刀具】选项，选择之前创建的 $\phi 10mm$ 立铣刀。

2）在【2D 刀路-外形铣削】对话框中选择【切削参数】选项，设置【外形铣削方式】为［2D］，【壁边预留量】和【底面预留量】均为［0.0］，如图 3-101 所示。

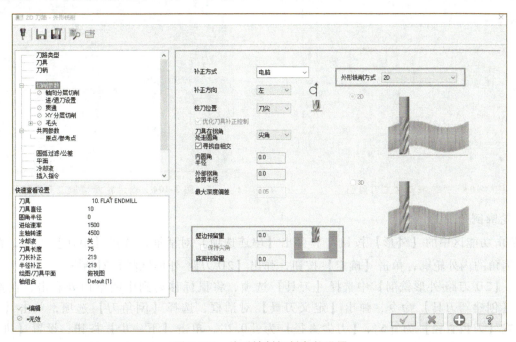

图 3-101 外形铣削切削参数设置

3）选择【2D 刀路-外形铣削】对话框中的【进/退刀设置】选项，取消选中【在封闭轮廓中点位置执行进/退刀】复选框，其余参数默认或根据所需修改，如图 3-102 所示。

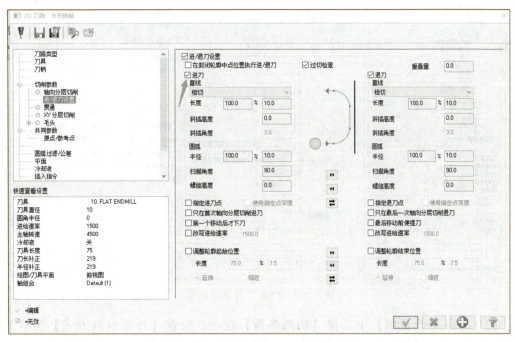

图 3-102 进/退刀设置

4）在【2D刀路-外形铣削】对话框中选中【共同参数】选项，设置【参考高度】为［30.0］（绝对坐标），【下刀位置】为［3.0］（增量坐标），【工件表面】为［0.0］（绝对坐标），【深度】为［-8.0］（绝对坐标），单击【确定】按钮，生成刀具路径，如图3-103所示。

5）采用同样的方法来精加工剩余内外轮廓，生成刀具路径，如图3-104所示。

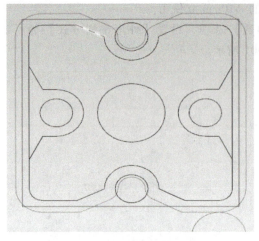
图3-103　外轮廓精加工刀具路径

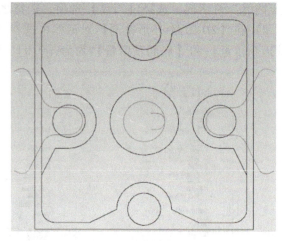
图3-104　剩余轮廓精加工刀具路径

（2）轮廓倒角加工

1）单击功能区中的【外形】按钮，弹出【串连选项】对话框，选择【串连】选项，在绘图区选择需要倒角的内外轮廓，单击【确定】按钮，弹出【2D刀路-外形铣削】对话框。

2）在【2D刀路-外形铣削】中选择【刀具】选项，将鼠标移动到中间空白处右击，在弹出的菜单中选择【创建新刀具】命令，弹出【定义刀具】对话框，选择【倒角刀】选项，单击【下一步】按钮；设置【刀齿直径】为［6］，【刀尖直径】为［0.2］，单击【下一步】按钮；设置【进给速率】为［800］，【主轴转速】为［6000］，【下刀速率】为［600］，单击【确定】按钮，如图3-105所示。

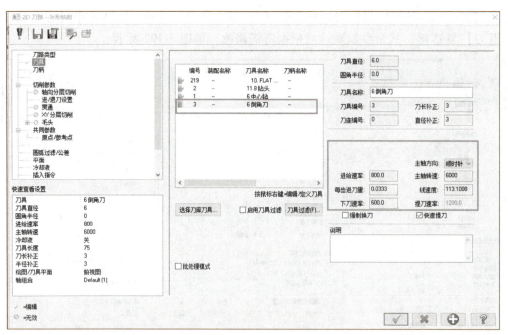
图3-105　倒角刀具参数设置

3）在【2D刀路-外形铣削】中选择【切削参数】选项，设置【外形铣削方式】为［2D倒角］，【倒角宽度】为［0.3］，【壁边预留量】和【底面预留量】均为［0.0］，如图3-106所示。

模块三 数控铣削/加工中心加工工艺及编程技术训练

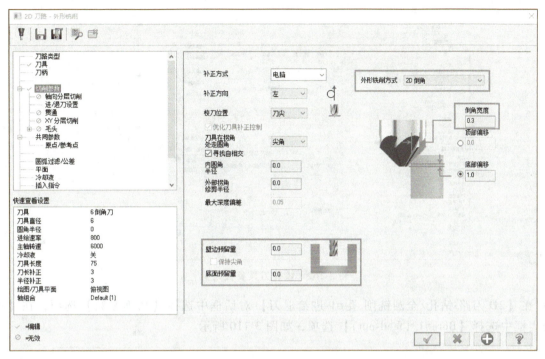

图3-106 倒角切削参数设置

4）在【2D 刀路-外形铣削】中选择【共同参数】选项，设置【参考高度】为［30.0］（绝对坐标），【下刀位置】为［3.0］（增量坐标），【工件表面】为［0.0］（绝对坐标），【深度】为［0.0］（绝对坐标），单击【确定】按钮，生成刀具路径，如图3-107所示。

5）采用同样的方法来完成剩余四个孔的孔口倒角，生成刀具路径，如图3-108所示。

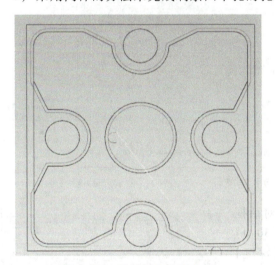

图3-107 轮廓倒角刀具路径

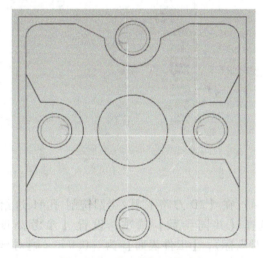

图3-108 孔口倒角刀具路径

（3）零件铰孔加工

1）单击功能区中的【钻孔】按钮，弹出【刀路孔定义】对话框，在绘图区分别选择四个通孔圆心，单击【确定】按钮。

2）弹出【2D 刀路-钻孔/全圆铣削 深孔钻-无啄孔】对话框，选择【刀具】选项，将鼠标移动到中间空白处右击，在弹出的菜单中单击【创建新刀具】选项，弹出【定义刀具】对话框，选择【铰刀】选项，单击【下一步】按钮，设置【标准尺寸】为［12］，【刀杆直径】为［12］，单击【下一步】按钮，设置【进给速率】为［80］，【主轴转速】为［200］，单击【确定】按钮，如图3-109所示。

183

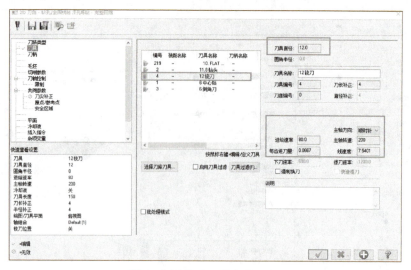

图 3-109 铰孔刀具参数设置

3）在【2D 刀路-钻孔/全圆铣削 孔#1-进给退刀】对话框中选择【切削参数】选项，在【循环方式】列表框中选择【Bore#1（feed-out）】选项，如图 3-110 所示。

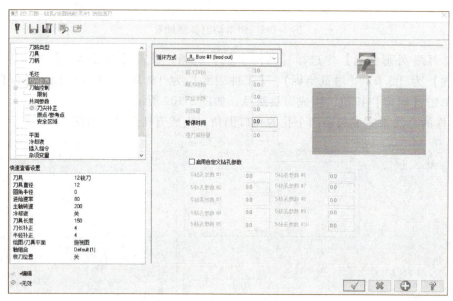

图 3-110 【切削参数】选项

4）在【2D 刀路-钻孔/全圆铣削 孔#1-进给退刀】对话框中选择【共同参数】选项，设置【参考高度】为［30.0］（绝对坐标），【工件表面】为［0.0］（绝对坐标），【深度】为-25.0（绝对坐标），单击【确定】按钮，生成刀具路径，如图 3-111 所示。

4. 实体仿真与程序后处理

（1）实体仿真

1）选择操作管理器上的【机床群组】选项，选中所有的刀具路径。

2）单击【机床】选项卡的【实体仿真】按钮进行实体仿真，单击【播放】按钮 ▶ 进行加工仿真，仿真结果如图 3-112 所示。

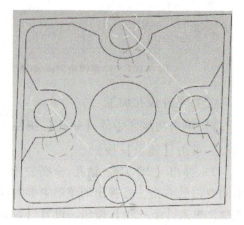

图 3-111 铰孔刀具路径

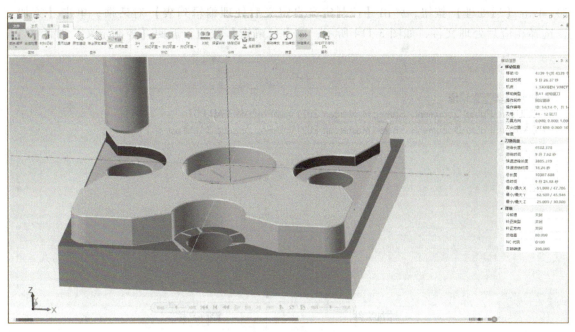

图 3-112 仿真结果

（2）程序的后处理　通过编程命令生成了刀具轨迹，这时需要把刀具轨迹转变成指定数控机床能执行的数控程序，然后采用通信的方式或 DNC 方式输入到数控机床的控制系统，才能进行零件的数控加工。MasterCAM 软件在进行后处理前，需要对机床进行设置，才能生成适合不同系统的机床加工代码。

（3）控制定义

1）单击【机床】选项卡的【控制定义】按钮，弹出【控制定义】对话框，如图 3-113 所示。

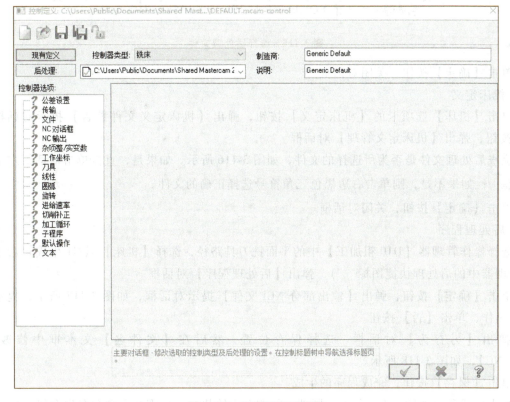

图 3-113 控制定义对话框

2）单击【后处理】按钮，弹出【控制定义自定义后处理编辑列表】对话框，单击【添加文件】按钮，选择相应后处理文件，如图3-114所示；单击【确定】按钮，返回【控制定义】对话框。

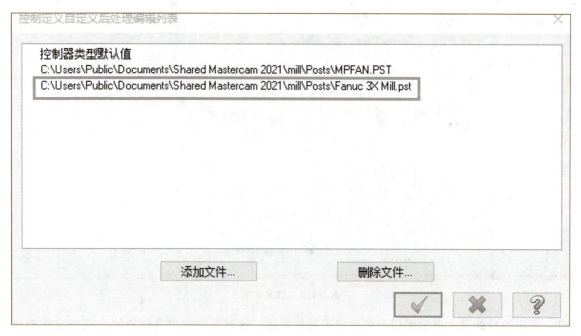

图3-114　【控制定义自定义后处理编辑列表】对话框

3）检查【后处理】文件是否为上步所增加的后处理文件。如果是，直接单击对话框左上角【保存】按钮 ，如图3-115所示；如果不是，则单击后面的黑色三角符号，选择所增加的后处理文件后，再单击【保存】按钮 。

图3-115　选择后处理文件

4）单击【确定】按钮，关闭对话框。

（4）机床定义

1）单击【机床】选项卡的【机床定义】按钮，弹出【机床定义文件警告】提示对话框，单击【确定】按钮，弹出【机床定义管理】对话框。

2）检查后处理文件是否为所选择的文件，如图3-116所示。如果是，直接单击对话框左上角【保存】按钮 ；如果不是，则单击右边黑色三角符号选择正确的文件。

3）单击【确定】按钮，关闭对话框。

（5）后处理程序

1）选择操作管理器【D10粗加工】中的平面铣刀具路径，选择【机床】→【G1生成】命令（或单击操作管理器中的后处理快捷图标 ），弹出【后处理程序】对话框。

2）单击【确定】按钮，弹出【输出部分NCI文件】提示对话框，如图3-117所示，提示是否后处理全部操作，单击【否】按钮。

3）弹出【另存为】对话框。选择保存位置，然后在【文件名】文本框中修改名称为【D10cjg1.NC】，如图3-118所示。

4）单击【保存】按钮，完成程序的生成。

5）弹出生成程序如图3-119所示。同理，将剩余刀路执行后处理并分别命名保存好文件。

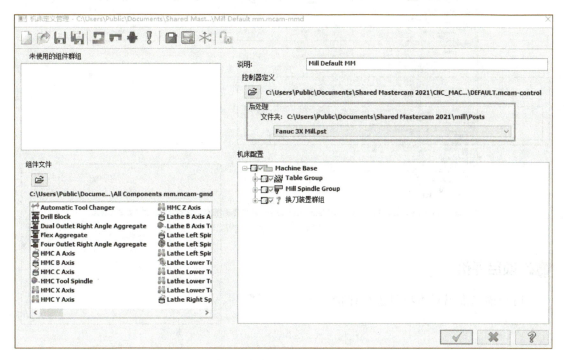

图 3-116　检查是否选择正确后处理文件

图 3-117　提示输出部分 NCI 文件

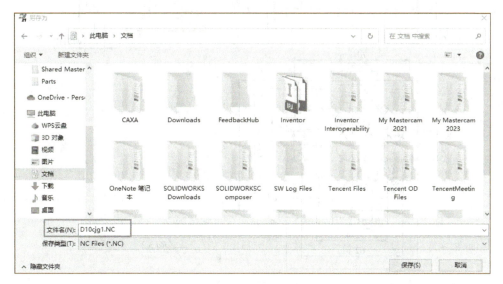

图 3-118　修改保存路径及名称

图 3-119　生成程序结果

项目评价

请扫描二维码对本项目进行评价。

项目拓展

请扫描二维码观看数铣仿真软件操作——程序的录入与校验、Z轴设定仪的校准和使用、数控铣床 X、Y 轴对刀操作视频。

项目延伸

1. 平移命令可实现绘制图形中哪几种图形的平移？
2. 拔模常见的方式有哪几种？
3. 【实体拉伸】参数页面由哪几部分组成？
4. 在 MasterCAM 软件中常用的连续线绘图功能方式是什么？
5. 完成图 3-120 所示综合件的编程及加工。

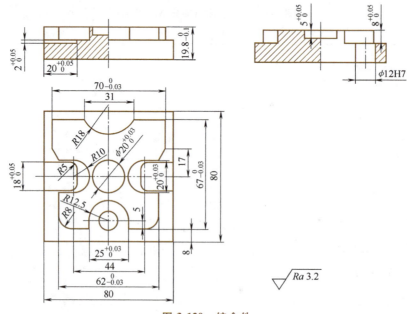

图 3-120　综合件

模块四

数控线切割机床操作技术训练

项目　凸凹模的数控线切割加工

📺 项目目标

1. 了解线切割加工的概念、特点、基本原理与应用范围。
2. 掌握上丝和紧丝的操作方法。
3. 掌握线切割工艺及编程基础（含 3B 代码编程及 G 代码编程）。
4. 学会正确操作机床，能按图样要求分析加工工艺，编制加工程序并加工出合格产品。

📺 素养目标

通过对企业产品凸凹模的加工，培养学生自主学习、合作探究、规范操作的意识，提高分析和解决问题的能力，培养精益求精的工匠精神和良好的职业素养。

📺 项目描述

线切割是冲模零件的主要加工方式，合理分析加工工艺、正确计算数控编程中电极丝的加工工艺路线关系到模具的加工精度。图 4-1 所示为凸凹模。通过穿丝孔的确定与切割路线的优化改善切割工

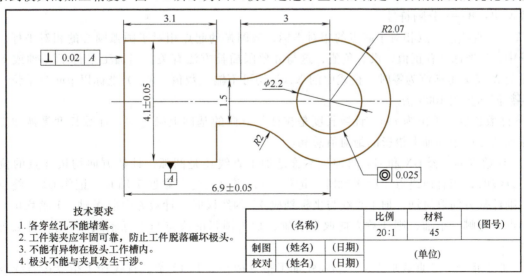

图 4-1　凸凹模

艺，这是提高切割质量和生产率的重要途径。

凸凹模尺寸是根据刃口尺寸公差及凸凹模配合间隙计算出的平均尺寸，电极丝采用直径为 $\phi 0.18mm$ 的钼丝，单面放电间隙为 0.01mm。该零件的加工工艺路线如图 4-2 所示。

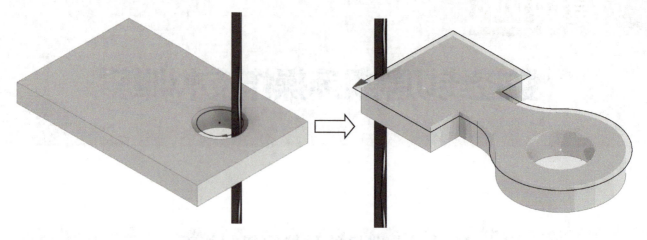

图 4-2　凸凹模的加工工艺路线图

项目链接

一、线切割机床的概述

数控电火花线切割机床简称线切割机床，是以运动的金属丝为工具电极，在数控系统的控制下，按预先设定的轨迹对工件进行加工。线切割机床适合加工各种模具，切割微细精密及形状复杂的零件、样板，切割钨片、硅片等，广泛应用在机械、电子、电气等领域。

二、线切割机床的 3B 程序指令

3B 格式编程指令的格式见表 4-1。

表 4-1　3B 格式编程指令的格式

格式	B	X	B	Y	B	J	G	Z
含义	分隔符号	X 坐标值	分隔符号	Y 坐标值	分隔符号	计数长度	计数方向	加工指令

参数说明：B——分隔符号。

X、Y——直线的终点相对于起点的相对坐标，或圆弧的起点相对于圆弧圆心的相对坐标。在线切割的编程中，Y 坐标只有正值，没有负值，这与分象限插补方法有关。当加工平行于 X 轴或 Y 轴的直线时，或当 X 或 Y 坐标值为零时，格式中的 X、Y 均可不输入数值。X、Y 坐标以 μm 为单位，故编程时所有的数值均扩大 1000 倍。

J——计数长度，单位为 μm。计数长度是在计数方向的基础上确定的。计数长度是被加工的直线或圆弧在计数方向坐标轴上投影的绝对值总和。

G——计数方向，分 GX 和 GY 两种。不管是加工直线还是圆弧，计数方向均按终点的位置来确定。加工直线时，当直线终点靠近 X 轴时，记作 GX；当直线终点靠近 Y 轴时，记作 GY。终点靠近哪一根轴，则计数方向取何轴，加工直线与坐标轴成 45°的线段时，计数方向取 X 轴、Y 轴均可。加工圆弧时，终点靠近哪一根轴，则计数方向取另一轴，加工圆弧的终点与坐标轴成 45°时，计数方向取 X 轴、Y 轴均可。

Z——加工指令，分直线加工指令和圆弧加工指令两类，共 12 条。直线加工指令按直线终点所在象限分为 L1、L2、L3、L4 四种，如图 4-3 所示。圆弧加工指令按圆弧起点进入的象限及走向，分为顺

圆和逆圆加工。顺时针圆弧加工时，为顺圆加工指令 SR1、SR2、SR3、SR4；逆时针圆弧加工时，为逆圆加工指令 NR1、NR2、NR3、NR4，如图 4-4 所示。

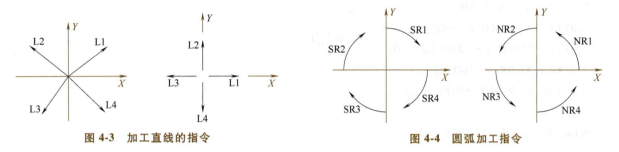

图 4-3　加工直线的指令　　　　　　　　　图 4-4　圆弧加工指令

三、线切割机床的 ISO 程序指令

随着数控技术的不断发展，为有利于国际交流合作，目前，我国生产的线切割机床逐步采用标准的 G 代码编程格式。G 代码编程是一种通用的编程方法，由于其控制功能强大，使用广泛，是数控发展的方向。

1. ISO 程序段格式

程序段由若干个程序字组成，格式如下：

N__ G__ X__ Y__

字是组成程序段的基本单元，一般都是由一个英文字母加若干位十进制数字组成的，如：X8000 中的英文字母称为地址码（又称地址字）。不同的地址码表示的功能也不一样，各种地址码的含义和功能见表 4-2。

表 4-2　地址码含义和功能

地址码	含义	功能
N	程序段号	顺序号
G	指令动作方式	准备功能
X、Y、Z	坐标轴移动指令	尺寸字
A、B、C、U、V	附加轴移动指令	尺寸字
I、J	圆弧中心坐标指令	尺寸字
W、H、S	锥度参数指令	锥度参数
F	速度进给指令	进给速度
M	机床开关及程序调用指令	辅助功能
D	间隙及电极丝补偿指令	补偿字

（1）顺序号　位于程序段之首，表示程序段的序号，后续数字为 2~4 位，如 N04、N0020 等。

（2）准备功能 G　准备功能 G 是建立机床或控制系统工作方式的一种指令，其后有两位正整数，即 G00~G99。

（3）尺寸字　尺寸字在程序段中主要是用来指令电极丝运动到达的坐标位置。电火花线切割加工常用的尺寸字有 X、Y、Z、A、U、V、I、J 等。尺寸字后的数字在要求代数符号时应加正负号，单位为 μm。

（4）辅助功能 M　由 M 功能指令及后续的两位数字组成，即 M00~M99，用来指令机床辅助装置的接通或断开。

2. 程序格式

一个完整的加工程序是由程序名、程序主体（若干程序段）和程序结束指令组成，如：

O1234;（程序名）

```
N10 G90 G92 X-15000 Y0;
N20 G01 X-11000 Y0;
N30 G01 X-10000 Y0;
N40 G01 X-10000 Y-9800;               （程序主体）
N50 G03 X9800 Y-10000 I200 J0;
N60 G01 X9800 Y-10000;
N70 G03 X10000 Y-9800 I0 J200;
……

N180 M02;（程序结束指令）
%
```

（1）程序名　数控系统一般在每个数控程序开始必须指定该程序名，并将程序名按规定的要求写在程序的开始。程序开始的地址符通常有 O、L、% 等，在其后写数字，如 O1234。

（2）程序主体　程序的主体由若干程序段组成，如上面加工程序中 N01~N170 段。所谓程序段，就是由一个地址或符号开始，以 ";" 或 "LF" 为程序段结束符的一行程序；也有的数控系统程序段结束时不用 ";" 或 "LF" 结束符作为程序段结束标志，每一行程序就是一个程序段。例如，上面的程序中，每个程序段以程序段号和其他各种字组成，以 ";" 结束。

（3）程序结束指令（M02）　M02 指令安排在程序的最后，单列一段。当数控系统执行到 M02 程序段时，就会自动停止进给并使数控系统复位。

3. G 代码及其编程

电火花线切割数控机床常用 ISO 代码见表 4-3。

表 4-3　电火花线切割数控机床常用 ISO 代码

代码	功能	代码	功能
G00	快速定位	G55	加工坐标系 2
G01	直线插补	G56	加工坐标系 3
G05	X 轴镜像	G59	加工坐标系 6
G06	Y 轴镜像	G80	接触感知
G07	X、Y 轴交换	G82	半程移动
G08	X 轴镜像，Y 轴镜像	G84	微弱放电找正
G09	X 轴镜像，X、Y 轴交换	G90	绝对坐标
G10	Y 轴镜像，X、Y 轴交换	G91	增量坐标
G11	Y 轴镜像，X 轴镜像，X、Y 轴交换	G92	定起点
G12	取消镜像	M00	程序暂停
G40	取消间隙补偿	M02	程序结束
G41	左偏间隙补偿，D 偏移量	M05	取消接触感知
G42	右偏间隙补偿，D 偏移量	M96	主程序调用文件程序
G50	消除锥度	M97	主程序调用文件结束
G51	锥度左偏	W	下导轮到工作台面高度
G52	锥度右偏	H	工件厚度
G54	加工坐标系 1	S	工作台面到上导轮高度

（1）快速定位指令（G00）　数控系统在执行该指令时，电极丝快速移动到指定位置。如果程序段中有 G01 或 G02 指令，那么 G00 指令无效。

指令格式：G00 X__　Y__；

（2）直线插补指令（G01） 数控系统在执行该指令时，电极丝以给定的速度从当前点沿着当前点与目标点的连线移动，此时电极丝的移动轨迹为一条直线。

指令格式：G01 X__ Y__；

（3）圆弧插补指令（G02、G03） G02 为顺时针插补圆弧指令，G03 为逆时针插补圆弧指令。

指令格式：

G02 X__ Y__ I__ J__；

G03 X__ Y__ I__ J__；

参数说明：

1）X、Y 分别为圆弧终点坐标。在绝对编程方式下，其值为圆弧终点的绝对坐标；在增量编程方式下，其值为圆弧终点相对于起点的坐标。

2）I、J 是圆心相对圆弧起点的坐标。不管是绝对编程方式，还是增量编程方式，I、J 的值都是指圆弧的圆心相对于圆弧起点的坐标。

（4）尺寸和工件坐标系设定指令（G90、G91、G92）

1）G90 为绝对尺寸指令。该指令表示该程序段中的编程尺寸是按绝对尺寸给定的，即移动指令终点坐标值 X、Y 都是以工件坐标系原点（程序的零点）作为基准来计算的。

2）G91 为增量尺寸指令。该指令表示程序段中的编程尺寸是按增量尺寸给定的，即坐标值均以前一个坐标位置作为起点来计算下一点的位置值。

3）G92 为设定工件坐标系指令。G92 指令中的坐标值为加工程序的起点坐标值。

指令格式：G92 X__ Y__；

（5）镜像及交换指令（G05、G06、G07、G08、G10、G11、G12）

1）G05 为 X 轴镜像，函数关系式：X = -X。

2）G06 为 Y 轴镜像，函数关系式：Y = -Y。

在加工模具零件时，常会遇到所加工零件上的形状是对称的，如图 4-5 所示。图中的 △ABC 和 △A'B'C' 的加工程序，可以先编制其中一个，然后通过镜像交换指令即可加工出另一个。

3）G12 为镜像消除指令。凡有镜像交换指令的程序，都需用 G12 指令作为该程序的消除指令。

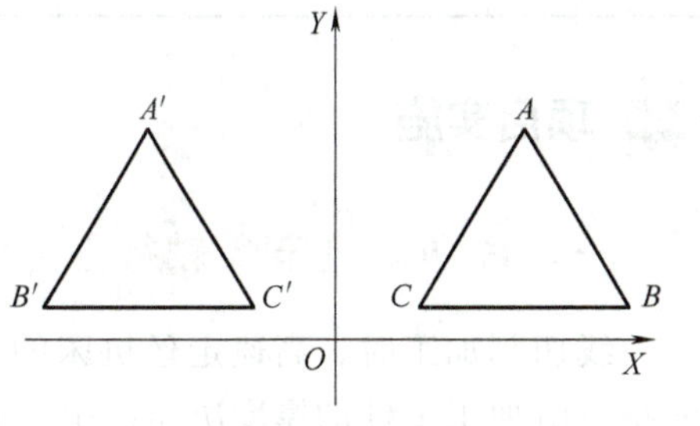

（6）间隙补偿指令（G40、G41、G42）

1）G41 为左偏补偿指令，指令格式：G41 D__；

2）G42 为右偏补偿指令，指令格式：G42 D__；

参数说明：D 为电极丝偏移量，其计算方法与前面方法相同。

左偏、右偏是沿加工方向看的，电极丝在加工图形的左边为左偏；电极丝在加工图形的右边为右偏，如图 4-6 所示。

图 4-5 Y 轴镜像

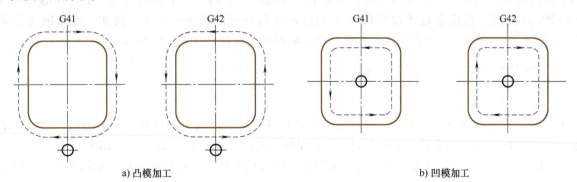

a）凸模加工　　　b）凹模加工

图 4-6 间隙补偿指令

四、确定计算坐标系

由于凸凹模上、下对称,孔的圆心在凸凹模的对称轴上,圆心为坐标原点,如图 4-7 所示。因为图形对称于 X 轴,所以只需求出 X 轴上半部(或下半部)钼丝中心轨迹上各段的交点坐标值,从而使计算过程简化。

五、确定补偿距离

补偿距离 $\Delta R = (0.1/2 + 0.01)\text{mm} = 0.06\text{mm}$。钼丝中心轨迹,如图 4-7 所示。

六、计算交点坐标

将电极丝中心点轨迹划分成单一的直线或圆弧段。

求点 E 的坐标值。因两圆弧的切点必定在两圆弧的连心线 OO_1 上,直线 OO_1 的方程为 $Y = (2.75/3)X$。故可求得点 E 的坐标为 $X = -1.570\text{mm}$、$Y = -1.493\text{mm}$。

其余各点坐标可直接从图形中求得,见表 4-4。

切割型孔时电极丝中心至圆心 O 的距离(半径)为 $R = (1.1 - 0.06)\text{mm} = 1.04\text{mm}$。

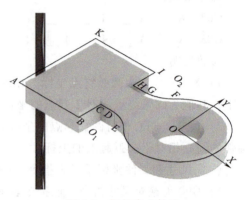

图 4-7 钼丝中心轨迹

表 4-4 凸凹模轨迹图形各段交点及圆心坐标

交点	X	Y	交点	X	Y	圆心	X	Y
B	-3.74	-2.11	G	-3.00	0.81	O_1	-3	-2.75
C	-3.74	-0.81	H	-3.00	0.81	O_2	-3	-2.75
D	-3.00	-0.81	I	-3.74	2.11	—	—	—
E	-1.57	-1.44	K	-6.96	2.11	—	—	—

项目实施

一、线切割机床 Z 轴行程的调整

线切割加工时,高速走丝机床的上导轮(或低速走丝机床的上导向器)与下导轮(或下导向器)的距离由加工工件的厚度决定。上导轮与下导轮的距离越小,电极丝运行时振动的振幅越小,加工表面的表面粗糙度值越低。线架的下臂是固定的,上臂是可调的。高速走丝线切割机床是靠手摇手轮调整 Z 轴行程,低速走丝线切割机床是按 Z 向键自动调整 Z 轴行程。要注意的是,高速走丝机床在调整 Z 轴行程前须松开锁紧螺钉,调整后须固紧锁紧螺钉,而低速走丝线切割机床是自动锁紧的。Z 轴行程即上臂升降的位置由工件上表面决定,高速走丝线切割机床的上臂下表面与工件上表面的距离一般在 10~20mm 之间,低速走丝线切割机床 Z 轴行程的调整应按说明书要求。例如,北京阿奇公司的 XENON 低速走丝线切割机要求工件上表面与喷嘴端面距离保持在 0.05~0.10mm。

二、线切割机床的上丝及穿丝操作

1. 上丝操作

上丝的过程是将电极丝从丝盘绕到高速走丝线切割机床贮丝筒上的过程。不同的机床操作可能略有不同,下面以北京阿奇公司的 FW 系列为例,说明上丝的三个要点(如图 4-8 和图 4-9 所示)。

1)上丝以前,要先移开左、右行程开关挡块,再启动贮丝筒,将其移到行程左端或右端极限位置(目的是将电极丝上满,如果不需要上满,则需与极限位置有一段距离)。

模块四　数控线切割机床操作技术训练

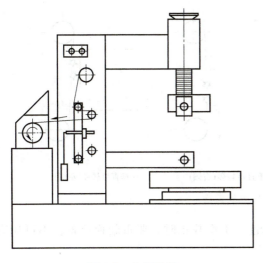

图 4-8　上丝示意

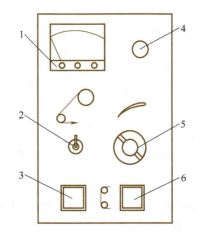

图 4-9　贮丝筒操作面板

1—上丝电动机电压表　2—上丝电动机启停开关
3—丝筒运转开关　4—紧急停止开关
5—上丝电动机电压调节按钮　6—丝筒停止开关

2）上丝过程中，打开上丝电动机启停开关，并旋转上丝电动机电压调节按钮以调节上丝电动机的反向力矩（目的是保证上丝过程中电极丝上有均匀的张力）。

3）按照机床操作说明书的上丝示意图提示，将电极丝从丝盘绕到贮丝筒上。

需要注意的是，应在上丝前试好左、右行程开关与丝筒旋转方向、丝筒移动方向的对应关系，以确定上丝时启动的行程开关。

2. 穿丝操作

穿丝操作有以下三个要点：

1）拉动电极丝头，按照操作说明书依次绕接各导轮、导电块至贮丝筒。在操作中要注意力度，防止电极丝折断。

2）穿丝开始时，必须要保证贮丝筒上的电极丝与辅助导轮、张紧导轮、主导轮在同一个平面上，否则在运丝过程中，贮丝筒上的电极丝会重叠，从而导致断丝。

3）穿丝后手动开启行程开关时，要注意丝筒移动的方向，并要调整左右行程挡杆，使贮丝筒左右往返换向时，贮丝筒左右两端留有 3~5mm 的电极丝余量。

三、电极丝垂直度的调整

在进行精密零件加工或切割锥度等情况下，需要重新校正电极丝对工作台平面的垂直度。电极丝垂直度找正的常见方法有两种：一种是利用找正块，另一种是利用校正器。

1. 利用找正块进行火花法校正

找正块是一个六方体或类似六方体，如图 4-10a 所示。在校正电极丝垂直度时，首先目测电极丝的垂直度，若明显不垂直，则调节 U 轴和 V 轴，使电极丝大致垂直于工作台，然后将找正块放在工作台上，在弱电加工条件下，将电极丝沿 X 方向缓缓移向找正块。当电极丝块碰到找正块时，电极丝与找正块之间产生火花放电，肉眼观察产生的火花。若火花上下均匀，则表明该方向上电极丝垂直度良好，如图 4-10b 所示；若下面火花多，则说明电极丝右倾，应将 U 轴的值调小，直至火花上下均匀，如图 4-10c 所示；若上面火花多，则说明电极丝左倾，应将 U 轴的值调大，直至火花上下均匀，如图 4-10d 所示。同理，调节 V 轴的值，使电极丝在 V 轴垂直度良好。

在用火花法校正电极丝的垂直度时，需要注意以下几点：

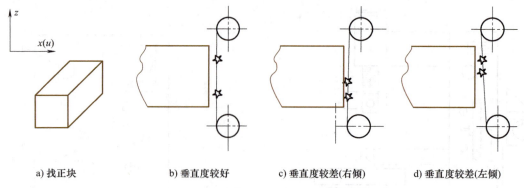

a) 找正块　　b) 垂直度较好　　c) 垂直度较差(右倾)　　d) 垂直度较差(左倾)

图 4-10　火花法校正电极丝垂直度

1) 找正块使用一次后，其表面会留下细小的放电痕迹。下次找正时，要重新换位置，不可用有放电痕迹的位置。

2) 在精密零件加工前，分别校正 U 轴和 V 轴的垂直度后，需要再次检验电极丝垂直度校正的效果。具体方法是：重新分别从 U 轴和 V 轴方向碰火花，看火花是否均匀。若 U 轴和 V 轴方向上火花均匀，则说明电极丝垂直度较好；若 U 轴和 V 轴方向上火花不均匀，则应重新校正后，再检验。

3) 在校正电极丝垂直度之前，电极丝应张紧，张紧力与加工中使用的张紧力相同。

4) 在用火花法校正电极丝垂直度时，电极丝要运行，以免电极丝断丝。

2. 利用校正器进行校正

校正器是触点与指示灯构成的光电校正装置，电极丝与触点接触时指示灯亮。它的灵敏度较高，使用方便且直观。底座用耐磨且不易变形的大理石或花岗岩制成，如图 4-11 所示。

使用校正器校正电极丝垂直度的方法与火花法大致相似，如图 4-12 所示，主要区别是：火花法是观察火花上下是否均匀，而用校正仪则是观察指示灯。若在校正过程中，指示灯同时亮，则说明电极丝垂直度良好，否则需要校正。

使用校正器校正电极丝的垂直度中，要注意以下几点：

1) 电极丝停止运行，不能放电。

2) 电极丝应张紧，电极丝的表面应干净。

3) 若加工零件精度高，则电极丝垂直度在校正后需要检查，其方法与火花法类似。

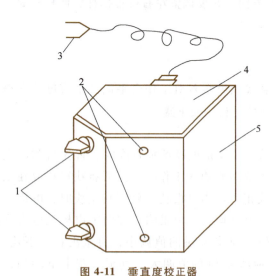

图 4-11　垂直度校正器
1—上、下测量头　2—上、下指示灯
3—导线及夹子　4—盖板　5—支座

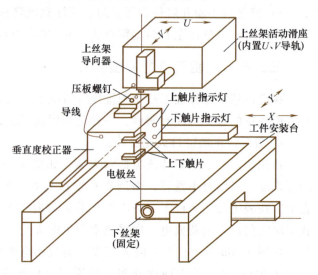

图 4-12　用垂直度校正器校正工件

四、工件的装夹

线切割加工属于较精密加工，工作的装夹对加工工件的定位精度有直接影响，特别在模具制造等加工中，需要认真仔细地装夹工件。

1. 线切割加工的工件在装夹中的注意事项

1）工件的定位面要有良好的精度，一般以磨削加工过的面定位为好，棱边倒钝，孔口倒角。

2）切入点要导电，热处理件切入处要去除残物及氧化皮。

3）热处理件要充分回火去应力，平磨件要充分退磁。

4）工件装夹的位置应利于工件找正，并应与机床的行程相适应，夹紧螺钉的高度要合适，避免干涉到加工过程，上导轮要压得较低。

5）对工件的夹紧力要均匀，不得使工件变形和翘起。

6）批量生产时，最好采用专用夹具，以提高生产率。

7）加工精度要求较高时，工件装夹后必须通过百分表来校正工件，使工件平行于机床坐标轴，垂直于工作台。

2. 线切割加工中常用的工件装夹方法

（1）悬臂式支撑　工件直接装夹在台面上或桥式夹具的一个刃口上，如图4-13所示。悬臂式支撑通用性强，装夹方便，但容易出现上仰或倾斜，一般只在工件精度要求不高的情况下使用。如果由于加工部位所限只能采用此装夹方法，而加工又有垂直度要求时，要使用拉表法找正工件上表面。

（2）垂直刃口支撑　如图4-14所示，将工件装在具有垂直刃口的夹具上，用此种方法装夹后，工件能悬伸出一角，便于加工。装夹精度和稳定性比悬伸式好，也便于使用拉表法找正。装夹时注意夹紧点对准刃口。

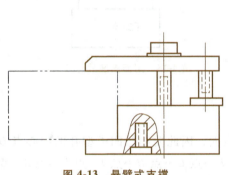

图 4-13　悬臂式支撑

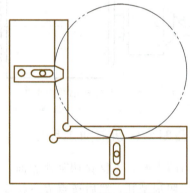

图 4-14　垂直刃口支撑

（3）桥式支撑方式　如图4-15所示，此种装夹方式是快走线切割最常用的装夹方法，适用于装夹各类工件，特别是方形工件，装夹后稳定。只要工件上、下表面平行，装夹力均匀，工件表面即能保证与工作台面平行。桥的侧面也可作定位面使用，用拉表法找正桥的侧面与工作台 X 方向平行。工件如果有较好的定位侧面，与桥的侧面靠紧即可保证工件与 X 方向平行。

（4）板式支撑方式　如图4-16所示，加工某些外周边已无装夹余量或装夹余量很小、中间有孔的零件，可在底面加一托板，用胶粘固或螺栓压紧，使工件与托板连成一体，且保证导电良好，加工时连托板一块切割。

（5）分度夹具装夹

1）轴向安装的分度夹具：如小孔机上弹簧夹头的切割，要求沿轴向切两个垂直的窄槽，即可采用专用的轴向安装的分度夹具，如图4-17所示。分度夹具安装于工作台上，夹具内装一检验棒，用拉表法与工作台的 X 或 Y 方向找平行，工件安装于夹具上，旋转找正外圆和端面。找中心后切完第一个槽，旋转分度夹具旋钮，转动90°，切另一个槽。

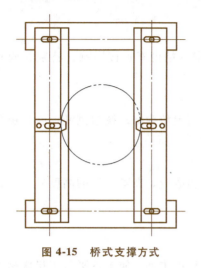

图 4-15　桥式支撑方式　　　　　图 4-16　板式支撑方式

2）端面安装的分度夹具：如加工中心上链轮的切割，其外圆尺寸已超过工作台行程，不能一次装夹切割，即可采用分齿加工的方法。如图 4-18 所示，工件安装在分度夹具的端面上，通过心轴定位在夹具的锥孔中，一次加工 2~3 齿，通过连续分度完成一个零件的加工。

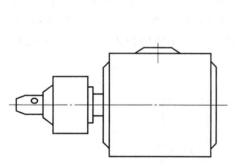
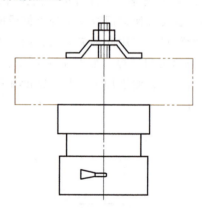

图 4-17　轴向安装的分度夹具　　　　　图 4-18　端面安装的分度夹具

五、凸凹模线切割加工程序

切割凸凹模时，不仅要切割外表面，而且还要切割内表面，因此要在凸凹模型孔的中心点 O 处钻穿丝孔。先切割型孔，然后按点 B→点 C→点 D→点 E→点 F→点 G→点 H→点 I→点 K→点 A→点 B 的顺序切割，如图 4-7 所示。

1. 3B 格式切割程序（见表 4-5）

表 4-5　凸凹模 3B 格式切割程序

序号	B	X	B	Y	B	J	G	Z	说明
1	B		B		B	001040	GX	L3	穿丝切割
2	B	1040	B		B	004160	GY	SR2	
3	B		B		B	001040	GX	L1	
4								D	拆卸钼丝
5	B		B		B	013000	GY	L4	空走
6	B		B		B	003740	GX	L3	空走
7								D	重新装上钼丝

（续）

序号	B	X	B	Y	B	J	G	Z	说明
8	B		B		B	012190	GY	L2	切入并加工 BC 段
9	B		B		B	000740	GX	L1	
10	B		B	1940	B	000629	GY	SR1	
11	B	1570	B	1439	B	005641	GY	NR3	
12	B	1430	B	1311	B	001430	GX	SR4	
13	B		B		B	000740	GX	L3	
14	B		B		B	001300	GY	L2	
15	B		B		B	003220	GX	L3	
16	B		B		B	004220	GY	L4	
17	B		B		B	003220	GX	L1	
18	B		B		B	008000	GY	L4	退出
19								D	加工结束

2. ISO 格式切割程序

项目评价

请扫描二维码对本项目进行评价。

项目延伸

1. 为防止开口工件加工中产生变形，可以采取什么工艺措施？
2. 怎样确定电极丝起始点位置？
3. 用 3B 格式切割程序，编制图 4-19 所示线段的电火花加工程序。

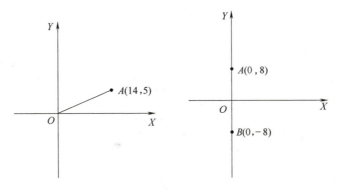

图 4-19　线段

4. 用 G 代码程序格式编制图 4-20 所示轮廓曲线的电火花加工程序。
5. 图 4-21 所示的垫片，外形尺寸：长度为 13.8mm，宽度为 6.8mm，厚度为 0.25mm；四边倒角为 1.5×45°。内腔尺寸：长度为 7.4mm，宽度为 1.5mm。窄条的尺寸：长度为 2.6mm，宽度为 0.3mm，根部中心线到零件的中心线之间距离为 1.6mm。根据图样要求，独立完成零件图的编程。

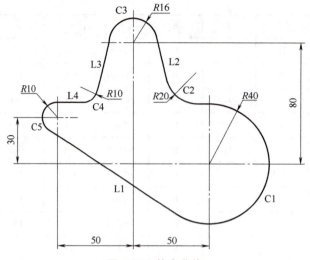

图 4-20 轮廓曲线

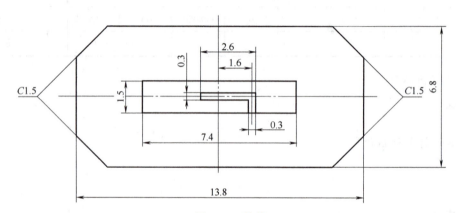

图 4-21 垫片

参 考 文 献

[1] 陈洪涛. 数控加工工艺与编程 [M]. 3版. 北京：高等教育出版社，2015.
[2] 徐刚. 数控加工工艺与编程技术基础 [M]. 西安：西安电子科技大学出版社，2018.
[3] 石阶安，彭玲，林树雄. 数控技术基础 [M]. 上海：同济大学出版社，2017.
[4] 沈建峰. 数控机床编程与操作：数控车床分册 [M]. 3版. 北京：中国劳动社会保障出版社，2011.
[5] 董建国，龙华，肖爱武. 数控编程与加工技术 [M]. 3版. 北京：北京理工大学出版社，2019.
[6] 朱明松，朱德浩. 数控车床编程与操作项目教程 [M]. 3版. 北京：机械工业出版社，2019.
[7] 徐国权. 数控加工工艺编程与操作：FANUC系统铣床与加工中心分册 [M]. 北京：中国劳动社会保障出版社，2008.
[8] 朱明松，王翔. 数控铣床编程与操作项目教程 [M]. 3版. 北京：机械工业出版社，2019.
[9] 徐夏民. 数控铣削技术训练 [M]. 北京：高等教育出版社，2015.
[10] 王卫兵. MasterCAM数控编程实用教程 [M]. 北京：清华大学出版社，2004.
[11] 杨志义. MasterCAM数控编程技巧 [J]. 模具制造，2008，8（5）：33-35.
[12] 杨羊，朱玉娥. 数控电火花加工技术训练 [M]. 北京：北京理工大学出版社，2019.
[13] 陈爱华. 机床夹具设计 [M]. 北京：机械工业出版社，2019.
[14] 人力资源社会保障部教材办公室. 机床夹具 [M]. 5版. 北京：中国劳动社会保障出版社，2018.
[15] 劳动和社会保障部教材办公室. 数控加工工艺编程与操作：国产数控系统铣床与加工中心分册 [M]. 北京：中国劳动社会保障出版社，2008.